稀土层状化合物
及其在发光材料中的应用

王雪娇　著

化学工业出版社
·北京·

内 容 简 介

稀土层状化合物具有独特的二维层状结构，在储氢、催化和发光等领域有很好的应用前景。本书介绍了稀土层状化合物的合成、结构、表征及其在发光材料中的应用，着重介绍了硫酸盐型稀土层状化合物和稀土硫氧化物的制备及光致发光性能。

本书适合从事新材料开发以及照明等相关专业人士阅读参考。

图书在版编目（CIP）数据

稀土层状化合物及其在发光材料中的应用/王雪娇著．—北京：化学工业出版社，2023.5

ISBN 978-7-122-43036-6

Ⅰ.①稀… Ⅱ.①王… Ⅲ.①稀土化合物-应用-发光材料-研究 Ⅳ.①TB34

中国国家版本馆CIP数据核字（2023）第039637号

责任编辑：邢 涛

责任校对：刘曦阳　　　　装帧设计：韩 飞

出版发行：化学工业出版社（北京市东城区青年湖南街13号 邮政编码100011）

印 装：北京盛通数码印刷有限公司

710mm×1000mm 1/16 印张9½ 字数168千字 2023年7月北京第1版第1次印刷

购书咨询：010-64518888　　　　售后服务：010-64518899

网 址：http://www.cip.com.cn

凡购买本书，如有缺损质量问题，本社销售中心负责调换。

定 价：98.00元

前　言

由于稀土层状化合物具有独特的二维层状结构、显著的各向异性和良好的层间化学活性，其在吸附、分离、传导、催化、储氢、阻燃及环境保护等诸多领域展现出良好的应用前景，其制备、性质和应用的研究近年来得到了高度重视，使之成为材料科学领域的宠儿。本书对推动稀土层状化合物的基础研究，特别是硫酸盐型稀土层状化合物的制备及应用有一定的指导作用。

本书涵盖了稀土层状化合物的合成、结构、表征及其在稀土含氧硫酸盐和稀土硫氧化物广谱绿色合成中的应用等内容。全书分为6章：第1章综述了稀土层状化合物；第2章介绍了稀土层状化合物的合成及功能化；第3章介绍了稀土层状化合物及发光材料的表征，着重介绍了层状化合物及发光材料有别于其他材料的表征方法；第4章介绍了硫酸盐型稀土层状氢氧化物的水热相选择扩展合成及结构解析；第5章介绍了硫酸盐型稀土层状化合物在稀土硫氧化物荧光粉制备中的应用，详细介绍了稀土硫氧化物的全谱合成及多种稀土激活剂在其中的上/下转换光致发光性能；第6章介绍了硫酸盐型稀土层状化合物在稀土含氧硫酸盐荧光粉制备中的应用，详细介绍了稀土含氧硫酸盐的全谱合成及多种激活剂在其中的光致发光性能，并与稀土硫氧化物晶格进行了对比。

本书在编写过程中参考了大量的著作和文献资料，在此，向工作在相关领域最前端的科研人员致以诚挚的谢意。随着层状化合物研究的不断深入，本书中的研究方法和研究结论有待更新和更正。由于作者水平有限，书中不妥之处，敬请各位读者批评指正。

王雪娇

目 录

第 1 章

稀土层状化合物概述

1.1 层状化合物简介

层状化合物指的是一类具有层状主体结构的化合物。层状化合物最典型的结构特征是其二维主层板沿某特定晶向有序排列成三维晶体结构。层板内的原子一般以共价键结合成基本结构单元（配位多面体），而层板与层板之间多以范德华力或静电作用连接，少数则以共价键结合。因此，层板内原子之间的连接非常牢固而层间距处于分子水平的层板间的连接较弱。该类化合物独特的二维层状结构、显著的各向异性和良好的层间化学活性使其在吸附、分离、传导、催化、储氢、阻燃及环境保护等诸多领域展现出良好的应用前景，其制备、性质和应用研究近年来得到了高度重视[1,2]。

1.2 层状化合物分类

层状化合物的分类方法有多种。例如，按照层板和层间物种的作用力可将其划分为范德华力维持型（如石墨和 MoS_2 等）和静电引力维持型；按组成可分为有机和无机层状化合物。若按层间离子种类这一最常用的分类方法分类，则层状化合物有三大类[3]。

① 阳离子型层状化合物　该类化合物由带负电荷的层板和层间阳离子交叠而成。如蒙脱石[图 1-1(a)，主成分为 $M_x^+(Al_{4-x}Mg_x)(Si_8)(O_{20})(OH)_4 \cdot nH_2O$]、松绿石[主成分为 $CuAl_6(PO_4)_4(OH)_8 \cdot 4H_2O$]和无机磷酸盐[如 $Zr(HPO_4)_2 \cdot nH_2O$]等。其中蒙脱石是一种比较有代表性的硅铝酸盐黏土矿物，其主层板由[$(Al,Mg)O_6$]八面体和［SiO_4］四面体构成，而 Na^+、K^+ 等阳离子以自由离子的形式位于层间，起到平衡电荷的作用。天然蒙脱石储量丰富、分布广、价格低廉，且经过改性后可制成多种性能良好的功能材料。从某种程度上讲，蒙脱石开启了对无机层状材料的研究。自 1984 年蒙脱石纳米

复合材料的概念被提出后，层状材料才受到广泛重视。柱撑蒙脱石是研究得最早的柱撑体系之一。

② 阴离子型层状化合物　如水滑石[hydrotalcite；$Mg_6Al_2CO_3(OH)_{16}\cdot 4H_2O$]、类水滑石（hydrotalcite-like compound）、层状双金属氢氧化物［layered double hydroxide，LDH，通式为 $M^{2+}_{1-x}[M^{3+}_x(OH)_2]^{x+}[A^{n-}_{x/n}]^{x-}\cdot mH_2O$,如图 1-1(b)]和近年来备受关注的稀土层状氢氧化物（layered rare-earth hydroxide，LREH）等。该类化合物的层状主体构架带有正电荷，而电荷补偿型阴离子位于层间。

③ 非离子型（中性）层状化合物　如云母（通式为 $AM_{2\text{-}3}\square_{1\text{-}0}T_4O_{10}Q_2$，其中 A 为+1 价离子；M＝Mg、Al 等；□为空穴；T＝Si、Al 等；Q＝OH、F 等)、石墨[图 1-1(c)]和层状硫族化合物（如 WS_2、MoS_2 和 WSe_2）。中性层状化合物的主层板由无机或有机物质构成，原子间以共价键连接，通常情况下主体层板不带电荷。2004 年，研究人员发现剥离石墨可获得单片层的石墨烯[5]。石墨烯在诸多领域所展示的优异性能激发了人们对层状化合物更广泛的研究。

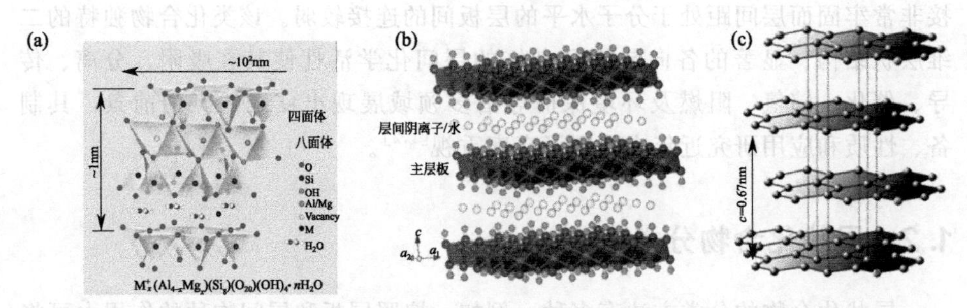

图 1-1　蒙脱石（a）、双金属氢氧化物（b）、石墨（c）的层状晶体结构示意图[4]

层状化合物以其独特的层状结构、层间离子可交换性、可剥离性和多变的化学配比在诸多领域得到了广泛研究和应用。如层状双氢氧化物可作为吸附剂对某些过渡金属进行选择性吸附[6]；改性蒙脱石可作为良好的吸附剂用于消除环境中有害的甲苯、氯苯和其他有机致癌物[7]；将具有不同功能的光活性客体分子引入层状材料的层间可得到具有光致变色功能的层状纳米复合材料[8,9]；通过剥离/自组装和离子交换，以层状氧化锰为前驱体制备的多孔复合材料展现出优异的电容性能且循环特性稳定，有望成为超级电容器电极材料[10]。稀土层状氢氧化物（LREH）近期也在传感[11]、药物运输[12]、中子捕获治疗[12] 和发光[13] 等领域得到了广泛关注。

1.3 稀土层状化合物简介

稀土层状氢氧化物属于阴离子型层状化合物，其在保持层状化合物固有的优异性能的同时兼备稀土元素特有的光、电、磁等特性。稀土层状氢氧化物的通式为 $RE_2(OH)_{6-m}(A^{x-})_{m/x}\cdot nH_2O$（$1\leqslant m\leqslant 2$，$A^{x-}$ 为 x 价的阴离子）[14]。$m=1$ 时该类化合物的通式可简化为 $RE_2(OH)_5(A^{x-})_{1/x}\cdot nH_2O$（LREH-Ⅰ型），并以 $RE_2(OH)_5A\cdot nH_2O$ 为典型代表（层间为 Cl^- 和 NO_3^- 等一价阴离子）。因其 RE^{3+} ∶ OH^- ∶ A^- 的物质的量比为 2∶5∶1，故可简称为 LREH-251 型化合物。$m=2$ 时该类化合物的通式则简化为 $RE_2(OH)_4(A^{x-})_{2/x}\cdot nH_2O$（LREH-Ⅱ型）。Liang 等人于 2010 年首次报道的稀土层状氢氧化物 $RE_2(OH)_4SO_4\cdot nH_2O$（RE=Pr-Tb；$n\approx 2$）[14]即属于 LREH-Ⅱ型（简称为 LREH-241 型）。该类新型化合物的层板由九配位多面体 $[RE(OH)_8H_2O]$ 通过共边兼共面连接而成，位于层间的硫酸根起到平衡电荷的作用。该类化合物独特的配位方式和化学计量配比使其有望在发光和光催化等领域得到重要应用。另外也有将有机离子例如磺酸根等引入稀土层状化合物层间的有机-无机杂化稀土层状化合物，本书主要介绍层间离子为无机离子的稀土层状化合物。

1.4 稀土层状化合物分类

1.4.1 LREH-Ⅰ型稀土层状化合物

LREH-Ⅰ型层状化合物的通式为 $RE_2(OH)_5(A^{x-})_{1/x}\cdot nH_2O$，其中 A 为平衡电荷的层间阴离子。层间阴离子可以为 NO_3^-、Cl^-、F^- 和 SO_4^{2-} 等无机离子[16]，也可以是十二烷基硫酸根（DS^-）、2,6-萘二磺酸根（2,6-NDS^{2-}）和对苯二酸根等有机离子[17]。有关该类化合物的报道可追溯到 20 世纪 70 年代，但直到 21 世纪伊始，Sasaki[15,18,19]、Fogg[20,21]、Byeon[22,23] 课题组和本课题组[24,25] 在对 LREH-Ⅰ进行了详细研究之后，人们才认识到该类化合物的结构特征和性能，开启了更为广泛的探索。如今，已有多个课题组针对 LREH-Ⅰ的剥离、自组装和光功能化进行了深入研究，并指出其在光电元器件和催化等领域具有重要的应用价值。2008～2009 年 Sasaki 课题组[15,18,19] 采用均相沉淀法合成了 $RE_8(OH)_{20}(NO_3)_4\cdot nH_2O$ 和 $RE_8(OH)_{20}Cl_4\cdot nH_2O$，并对其结构进行了详细解析（图 1-2），发现 LREH-

Ⅰ型化合物中稀土离子仅与羟基基团和水分子配位，构成以稀土离子为中心的[$RE(OH)_7H_2O$]（八配位）和[$RE(OH)_8H_2O$]（九配位）配位多面体，并经配位多面体的共边连接构成主层板，而游离在层间的阴离子起到平衡电荷的作用。虽然该类化合物中的结晶水参与配位，但其含量不稳定，随湿度和温度等外在因素而变化[26]。该类化合物中的层间阴离子以静电作用方式与层板相连而不参与直接配位，故自由度很大，处于游离态。上述特性使得该类化合物呈现出与著名的 LDH 相似的层间离子交换性能，可在基本不改变化合物结构的情况下实现层间阴离子与他类阴离子的交换。在 LREH-Ⅰ型化合物的柱撑和剥离方面，2010 年 Sasaki 课题组[27] 和 Byeon 课题组[23] 采用插层剥离技术成功获得了超薄纳米片（厚度为 1～2 个层板）；2011 年本课题组[24] 以硝酸盐为母盐、四丁基氢氧化铵为沉淀剂和表面包覆剂，采用水热反应一步合成了厚约 4～9nm 的 LREH-Ⅰ纳米片，并利用纳米片的自组装特性成功制备了高透光率（约 86%）、高荧光强度（4 倍于同成分粉末）、具有显著［111］取向的氧化物荧光膜；2012 年 Byeon 课题组[28] 采用层层自组装（LBL）技术成功制得了集反射和防雾两大功能于一体的透明功能薄膜；2014 年本课题组[25] 采用水热插层柱撑、甲酰胺中剥离的方法成功制备出了二维尺寸超过 60μm、厚仅 1.6nm 的超大单层纳米片；2015 年本课题组[16] 开发了 LREH-Ⅰ型超薄纳米片（约 3nm）的低温（约 4℃）一步合成新技术，省去了传统制备所必须的插层柱撑和剥离等烦琐耗时的技术环节。此外，本课题组以 LREH-Ⅰ型超薄纳米片为前驱体制备高活性氧化物微粉，经真空烧结成功制备了透光率高达约 80% 的（Y，Gd）$_2$O$_3$：Eu/Tb 光功能陶瓷材料[29]。同时，开发了以 LREH-Ⅰ型纳米片为前驱体的磷酸盐荧光粉的纳米转换（nano-conversion）制备技术[30]。

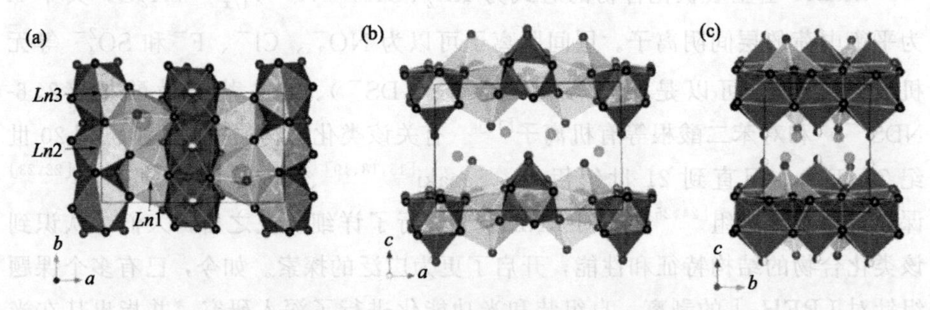

图 1-2 $RE_2(OH)_5A\cdot nH_2O$ 晶体结构的 c 轴视图 (a)、b 轴视图 (b) 和 a 轴视图 (c)[15]

1.4.2 LREH-Ⅱ型稀土层状化合物

属于 LREH-Ⅱ型的 RE(OH)$_2$A・nH$_2$O 是稀土层状氢氧化物中最早被报道的物相（A 为硝酸根或氯离子）。早在 20 世纪 50 年代，人们在研究稀土离子沉淀行为时就得到了非晶态的该物相[31]。随后，多晶态和单晶态的该物质也被研究人员陆续合成[32]。2010 年 Sasaki 等[14] 以稀土硫酸盐和六亚甲基四铵为原料，采用均匀沉淀法首次合成了一类硫酸盐型层状化合物 RE$_2$(OH)$_4$SO$_4$・nH$_2$O(RE=Pr-Tb,$n\approx 2$)。进一步的晶体结构分析表明该类化合物属于 $A2/m$(No. 12) 空间群［单斜晶系；轴线角 β 接近 90°；见图 1-3（Tb：紫色，OH：灰色，H$_2$O：蓝色，O：红色，S：黄色）］[26]，可归类于 LREH-Ⅱ型。与 LREH-I 不同，该类层状化合物的稀土离子与水分子、羟基和位于层间平衡电荷的硫酸根均发生直接配位，形成稳定的九配位多面体（图 1-3）。由于硫酸根与主层板直接共价键配位，到目前为止尚未实现该类层状化合物的层间离子交换和纳米片剥离。此外，该类化合物的结晶水含量也基本固定为 2，不随外界环境因素而改变。与同属于 LREH-Ⅱ型的 RE(OH)$_2$A・nH$_2$O 相比（A＝Cl$^-$ 或 NO$_3^-$；n＝0 或 1），该类化合物表现出不同的特性。如 RE(OH)$_2$A・nH$_2$O 中的层间阴离子为－1 价，以球形的卤离子和平面三角形的硝酸根为代表，而 RE$_2$(OH)$_4$SO$_4$・nH$_2$O 中的硫酸根为－2 价且呈四面体形态。因此，RE(OH)$_2$A・nH$_2$O 中的层间阴离子只与单层主层板连接（图 1-4），而 RE$_2$(OH)$_4$SO$_4$・nH$_2$O 中的层间硫酸根则与相邻两层主层板相连。2013 年 Sasaki 等人[33] 采用沉淀法合成了层间阴离子为有机离子的 RE$_2$(OH)$_4$O$_3$S(CH$_2$)$_n$SO$_3$・2H$_2$O 层状化合物（RE＝La-Sm）并研究了其氧化物煅烧产物的发光性能。2013 年本课题组研究了 La$_2$(OH)$_4$SO$_4$・nH$_2$O 的水热合成和溶液 pH 值对产物物相的影响。就 RE$_2$(OH)$_4$SO$_4$・nH$_2$O 类化合物

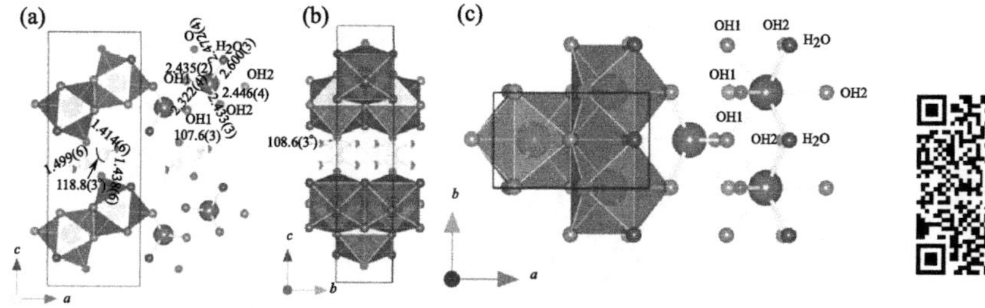

图 1-3　Tb$_2$(OH)$_4$SO$_4$・2H$_2$O 晶体结构的 b 轴视图（a），a 轴视图（b）和 c 轴视图（c）[23]

而言，仍有许多问题亟待解决，如尚未实现其在全谱稀土元素范围内的合成、合成方法尚局限于沉淀法，特别是其光功能化和在发光领域中的应用尚鲜见报道。

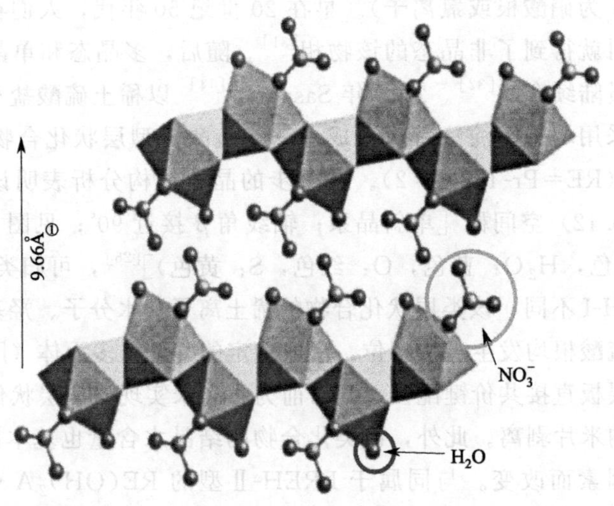

图 1-4 $La(OH)_2NO_3 \cdot H_2O$ 的晶体结构示意图[34]

❶ 1Å=0.1nm。下同。

第2章

稀土层状化合物的合成及性质

2.1 稀土层状化合物主要合成方法

研究人员已经开发了多种合成材料的方法，如水热/溶剂热法、沉淀法、溶胶-凝胶法、固相法、燃烧法、微波法及喷雾热解法等，并就每种合成方法进行了优化扩展[35]。目前可以合成稀土层状化合物的方法均为液相法，本节就已经开发的可合成稀土层状化合物的方法进行介绍。

2.1.1 沉淀法

沉淀法是在溶液状态下将不同化学成分的物质混合，在混合液中加入沉淀剂制备前驱体沉淀物，再将沉淀物进行干燥或煅烧，从而制得相应的粉体颗粒。共沉淀法是指在溶液中含有两种或两种以上阳离子，它们以均相存在溶液中，加入沉淀剂，经沉淀反应后，可得到各种成分均一的沉淀。共沉淀法具有制备工艺简单、制备条件易于控制、合成周期短、反应时间短、煅烧温度低、产物性质良好、成本低等特点，根据反应类型不同，化学共沉淀法可以分为中和法和氧化法两种。共沉淀法是制备含两种或两种以上的金属元素复合氧化物超细粉体的重要方法，在制备纳米分析颗粒、纳米氧化铁、发光粉体等方面都有应用。在均匀沉淀中，沉淀剂分子经缓慢水解释放出反应所需阴离子，从而使产物在整个反应体系中均匀形核/长大。尿素是均匀沉淀最常用的沉淀剂，其水解反应如下：

$$CO(NH_2)_2 + H_2O \longleftrightarrow OCN^- + NH_4^+ \tag{2-1}$$

$$OCN^- + 2H^+ + H_2O \longleftrightarrow CO_2 + NH_4^+ \tag{2-2}$$

$$CO_2 + 2OH^- \longleftrightarrow CO_3^{2-} + H_2O \tag{2-3}$$

由于碳酸根的存在，沉淀产物常常为碳酸盐或碱式碳酸盐而非层状氢氧化物。因此，在采用沉淀法制备稀土层状化合物时，研究人员探索出了一种可提

供 OH^- 但不易生成 CO_2 的新的沉淀剂——六亚甲基四胺［HMT，$(CH_2)_6N_4$］。其水解反应为 $(CH_2)_6N_4 + 10H_2O \longrightarrow 6HCHO + 4NH_4^+ + 4OH^-$。HMT已成功用于合成 $RE_2(OH)_4SO_4 \cdot nH_2O$(Pr-Tb)[14]，但其室温下水解缓慢，高温下在空气中易生成甲醛及其衍生物从而降低沉淀反应的产率[36]。

2.1.2 水热/溶剂热法

水热法是指在密封的压力容器中，以水为溶剂，在高温高压的条件下进行的化学反应，利用高温高压的条件将常温下难溶解或不溶解的物质溶解于溶液或者反应产生易溶解的产物，在特制的密闭反应容器里的饱和溶液中析出生长晶体。根据不同的反应类型可以分为水热氧化、水热还原、水热沉淀、水热合成、水热水解、水热结晶等。水热法制备的晶体纯度高，具有晶面热应力较小、内部缺陷少、分散性好、晶体形状好并且易于控制的优点。一些常温下难溶或不溶的物质绝大多数在高温高压的条件下能全部或者部分溶解于水，有利于反应的进行。不同的反应需要不同的pH值，甚至有的反应需要在两种或两种以上的pH值下进行以便分析讨论，水热法具有一定的优势。水热法也存在一些弊端。因为是在密闭的容器中进行反应，无法观察反应过程。另外就是反应需要高温高压的条件，安全性能差。

水热法合成稀土层状氢氧化物一般采用稀土硝酸盐或氯化物为母盐，通过调节水热温度、反应时间和反应体系的pH值等参数实现对产物物相和形貌等的有效控制。溶剂热技术是在水热法基础上发展起来的一种将水部分或全部置换为有机溶剂的合成技术。2009年研究人员[37]采用溶剂热技术合成了水热法和水系沉淀反应无法获得的LREH-Ⅰ型化合物中的 $Nd_2(OH)_5NO_3 \cdot nH_2O$ 和 $La_2(OH)_5NO_3 \cdot nH_2O$。LREH-Ⅱ型稀土层状化合物 $RE_2(OH)_4SO_4 \cdot nH_2O$ 的合成既可采用沉淀法也可采用水热法。

2.1.3 低温冰浴沉淀法

低温冰浴沉淀法制备层状化合物，利用低温降低层状化合物的激活能，抑制层状化合物沿厚度方向生长，一步制备出超薄纳米片并且能够大批量生产层状化合物。可以解决现有技术中该类化合物因层间硫酸根离子与主层板通过共价键连接而无法采用传统插层-剥离的方法制备单层纳米片的难题，并且该制备方法工艺简单，操作方便，以低温冰浴法制备的超薄纳米片作为原料制备相应的纳米片溶胶，稳定性好，节约原料。除此之外，低温冰浴沉淀法还能有效地解决沉淀法所得产物存在较大程度的团聚现象、分散性较差、水热法反应过程需要较大能量且反应过程的稳定性较差等问题。2015年东北大学李继光课题组[16] 采用低温共沉淀一步合成了片层厚度仅3～5nm的LREH-Ⅰ型化合物。

沉淀反应和水热/溶剂热反应是合成稀土层状氢氧化物的最常用和最有效的两类方法。近年也有研究人员探索微波辅助水热反应等新的合成技术[36]。

2.2 稀土层状化合物的性质及应用

2.2.1 稀土层状化合物的性质

由于层板电荷密度、层板组成及层间距可控，稀土层状化合物具有许多独特的物理、化学性质和广阔的应用领域。

（1）离子交换性/可插层性

稀土层状化合物的二维纳米级层板间分布着活性较高的准游离态阳离子或阴离子，在适当的条件下可自发与周围环境中其他同类离子交换。插层是外部离子或分子同主体层间的原有离子通过离子交换反应，克服层间作用力而进入到层间，形成插层组装化合物的过程。插层组装化合物的主体层与客体之间通过离子键、氢键或范德华力等相互作用，形成一类具有超分子结构的无机/有机或无机/无机纳米复合材料。基于无机层状材料插层技术的发展，可通过在层间引入功能客体离子或分子进一步改善或者加强主体材料的功能性，使其作为功能材料在应用中具有更加优异的性能[38]。

（2）可剥离性

剥离是层状化合物的一个重要特性，是无机层状化合物失去其长程有序结构，而层板以相对孤立状态存在的过程。若在层状化合物层间引入大分子或离子，可导致其层间距增大，当增大到一定程度时，层间的作用力会显著减小甚至消失，最终导致层与层的分离，从而发生剥离。此时层状化合物已不再是一个长程有序的结构，而是以单片层的形式存在，每一层都是一个动力学独立的片状颗粒，分散到溶液中形成胶体溶液，性质十分稳定。

（3）纳米层板大比表面积特性

稀土层状化合物是由无机纳米片层依据一定的作用力堆叠构成。在一定条件下，层状化合物块体材料可以通过剥离，得到组成层状化合物的纳米片层，纳米片层具有大的比表面积。

（4）各向异性

层状化合物具有很强的各向异性。在一定的条件下，某些功能性物质可以克服层与层之间较弱的作用力而可逆地进入层间空隙，不仅可以通过调整客体在层状主体内的排布以及主客体之间的离子、电子和偶极作用等方法来增强或调控客体原有的光、电、磁和催化等特性，而且可以根据应用的目的预先设计分子结构以制备具有特定功能的超分子体系。

2.2.2 稀土层状化合物的应用

① 由于层状化合物剥离所得基本单元纳米片可最大限度展示层板物质固有的物理化学特性而被认为是新材料、新结构的重要构筑单元。因此其剥离技术（包括柱撑离子及剥离介质选择、剥离机理及纳米片再组装等方面）备受关注。借助于无机层状化合物的剥离/重组技术，可以制取量子水平上利用常规方法不能得到的纳米级功能材料：例如，以层状锰氧化物剥离所得锰氧纳米层和氧化石墨纳米片为构筑单元，通过二者的交互积层自组装得到了纳米级新型复合电极材料。

② 稀土层状化合物在荧光粉制备中的应用。各类稀土层状化合物自身可作为制备荧光粉的前驱体，其经过煅烧之后可获得各类型的荧光粉。如LREH-Ⅰ型稀土层状化合物煅烧之后可获得各种类型的氧化物荧光粉，因稀土层状化合物独特的片层状微观形貌，以其为前驱体获得的氧化物荧光粉具有粒径分布均匀，可达纳米尺寸且活性好等优点。另外硫酸盐型LREH-Ⅱ具有特殊的化学配位，以其为前驱体可煅烧得到稀土硫氧化物及稀土含氧硫酸盐体系荧光粉，煅烧的副产物仅为水蒸气，是一种非常绿色的合成途径。另外稀土层状化合物的片层状结构可作为自牺牲模板合成多种其他体系的荧光粉，如稀土磷酸盐、氟化物、钨/钼酸盐等。

③ 在新型光、电、磁等功能方面的应用。高超导转变温度及新颖的光、电、磁特性一直是材料科学家努力追求的目标，而无机层状材料在这些领域均展现了独特的魅力。例如，在层状材料的层间引入光活性物质是一种构筑新型光功能超分子系统的方法。通过选择具有不同功能的光活性客体分子，可以得到一类具有光致变色功能的层状纳米复合物[39,40]；在过渡金属硫化物层间引入有机客体分子或者导电高分子可以带来其电学性质的巨大变化[41]；在反磁性层状 $FePS_3$ 中引入吡啶分子后，所得插层物在90K以下表现为铁磁性[42]。

第3章

稀土层状化合物及发光材料的表征

3.1 稀土层状化合物的表征

3.1.1 X射线衍射

X射线衍射分析（X-ray diffraction，简称XRD），是利用晶体形成的X射线衍射，对物质进行内部原子的空间分布状况分析的方法。X射线衍射方法具有不损伤样品、无污染、快捷、测量精度高、能得到有关晶体完整性的大量信息等优点。其应用范围很广，包括：物相分析，点阵常数的精确测定，应力的测定，晶粒尺寸和点阵畸变的测定，单晶取向和多晶织构测定等。

将具有一定波长的X射线照射到结晶性物质上时，X射线因在晶体内遇到规则排列的原子或离子而发生散射，散射的X射线在某些方向上相位得到加强，从而显示与结晶结构相对应的特有的衍射现象。衍射X射线满足布拉格（W. L. Bragg）方程：

$$2d\sin\theta=n\lambda$$

式中，λ是X射线的波长；θ是衍射角；d是结晶面间隔；n是整数。波长λ可用已知的X射线衍射角测定，进而求得面间隔，即结晶内原子或离子的规则排列状态。将求出的衍射X射线强度和面间隔与已知的表对照，即可确定试样结晶的物质结构，此即定性分析。从衍射X射线强度的比较，可进行定量分析。

3.1.2 扫描电子显微镜

扫描电子显微镜简称扫描电镜（SEM），被用来直接观察粉体的颗粒形貌、尺寸大小、团聚状态。扫描电镜除了能显示一般试样表面的形貌外，还能将试样微区范围内的化学元素和光、电、磁等性质的差异以二维图像形式显示出来，并可用照相方式拍摄图像。从电子枪阴极发出的电子束，受到阴、阳极之间加速电压的作用，射向镜筒，经过聚光镜及物镜的汇聚作用，缩小成直径约几毫米或几微米的电子探针。在物镜上部的扫描线圈的作用下，电子探针在样品表面作光栅状扫描并且激发出多种电子信号。这些电子信号被相应的检测器检测，经过放大、转换，变成电压信号，最后被送到显像管的栅极上并且调制显像管的亮度。显像管中的电子束在荧光屏上也作光栅状扫描，并且这种扫描运动与样品表面的电子束的扫描运动严格同步，这样即获得衬度与所接收信号强度相对应的扫描电子像，这种图像反映了样品表面的形貌特征。扫描电镜具有如下优点：高的分辨率，由于超高真空技术的发展，场发射电子枪的应用得到普及，现代先进的扫描电镜的分辨率已经达到 1nm 左右；有较高的放大倍数，2 万～20 万倍之间连续可调；有很大的景深，视野大，成像富有立体感，可直接观察各种试样凹凸不平的细微结构；试样制备简单；可直接观察大块试样；适用于固体材料样品表面和界面分析；适用于观察比较粗糙的表面等。

3.1.3 傅里叶红外变换光谱

分子在未受光照射之前诸能量均处于最低能级，称之为基态，当分子受到红外光的辐射，产生振动能级的跃迁，在振动时伴有偶极矩改变者就吸收红外光子，形成红外吸收光谱。红外光谱根据不同的波数范围分为三个区，即近红外区（0.78～2.5μm）、中红外区（2.5～25μm）和远红外区（25～1000μm）。化学键振动的倍频和组合频多出现在近红外区，所形成的光谱为近红外光谱。最常用的是中红外区，绝大多数有机化合物和许多无机化合物的化学键振动的跃迁出现在此区域，因此在结构分析中非常重要。另外，金属有机化合物中金属有机键的振动、许多无机物键的振动、晶架振动以及分子的纯转动光谱均出现在远红外区。因此该区域在纳米材料的结构分析中显得非常重要。

利用傅里叶变换红外吸收光谱（FT-IR）可得到材料所含有的重要官能团的信息，进而被用来辅助确定材料的结构和化学式组成。红外光只能激发分子内振动和转动能级的跃迁，所以红外吸收光谱是振动光谱的重要部分。红外光谱主要是通过测定这两种能级的跃迁的信息来研究分子结构的。红外光谱具有灵敏度高，试样用量少，能分析各种状态的试样等特点，是材料分析中常用的工具。

PerkinElmer FT-IR Spectrum RXI 型红外光谱仪是较为常见的红外光谱分析仪。该红外光谱分析仪是最适合进行日常分析的常规仪器，操作方便，可广泛用于研究材料的分子结构、化学键及其中存在的官能团等方面的信息。其测定波数范围为 4000～400cm^{-1}；测定精度优于 0.01cm^{-1}。可广泛用于研究物质的分子结构和化学键。此分析是作为 XRD 分析的辅助手段来确定前驱体及所得荧光粉的结构和化学组成。

3.1.4 热分析

根据 ICTA 定义热分析是指在程序控制温度下，测量物质的物理性质与温度之间关系的一类技术。上述物理性质主要包括质量、能量、尺寸、力学性能、声、光、热、电等性质。热分析法的技术基础在于物质在加热或冷却的过程中，随着其物理状态或化学状态的变化，通常伴有相应的热力学性质（如焓、比热容、热导率等）或其他性质（如质量、力学性能、电阻等）的变化，因而通过对某些性质（参数）的测定可以分析研究物质的物理变化或化学变化过程。根据物理性质的不同，可使用相应的热分析技术，本书研究了质量和热与温度之间的关系（TGA/DSC）。热分析的优点是：可在宽广的温度范围内对样品进行研究；可使用各种温度程序（不同的升、降温速率）；对样品的物理状态无特殊要求；所需样品量很少（0.1μg～10mg）；仪器灵敏度很高；可与其他技术联用等。

样品在热环境中发生化学变化、分解、成分改变时可能伴随着重量的变化。热重分析（TG）就是在不同的热条件（以恒定速度升温或等温条件下延长时间）下对样品的重量变化加以测量的动态技术。凡发生失重的反应均可用 TG 法进行研究，如：脱水反应，热分解反应等。定量的本质使其成为强有力的分析手段。发生重量变化的主要过程包括：吸附，脱附，脱水/脱溶剂、升华、蒸发、分解、固固反应和固气反应。

示差热扫描量热法（DSC）是测量输入到试样和参比物的热流量或功率差与温度或时间的关系。DSC 是在控制温度变化情况下，以温度或时间为横坐标，以样品与参比物间温差为零所需供给的热量为纵坐标所得的扫描曲线。DSC 与 DTA 相比的优点是 DSC 的结果可用于定量分析而 DTA 只能定性或半定量分析。

3.1.5 透射电子显微镜

透射电子显微镜是以波长极短的电子束作为照明源，用电子透镜聚焦成像的一种具有高分辨率、高放大倍数的电子光学仪器。一般包括四部分：电子光学系统、电源系统、真空系统、操作控制系统。透射电子显微镜通常采用热阴极电子枪来获得电子束作为照明源。热阴极发射的电子，在阳极加速电压的作用下，高速穿过阳极孔，然后被聚光镜会聚成具有一定直径的束斑照到样品上。具有一定能量的电子束与样品发生作用，产生反应样品微区厚度、平均原子序数、晶体结构或位向差别的多种信息。透过样品的电子束强度，取决于这些信息，经过物镜聚焦放大在其平面上形成一幅反映这些信息的透射电子像，经过中间镜和投影镜进一步放大，在荧光屏上得到三级放大的最终电子图像，还可将其记录在电子感光板或胶卷上。透射电镜的显著特点是分辨率高。目前世界上最先进的透射电镜的分辨率已达 0.1nm，可用来直接观察原子像。

采用透射电子显微镜通过明场像得到样品的微观形貌；通过做选区电子衍射（SAED）得到样品的衍射花样，根据电子衍射的几何关系就可以算出晶面间距的信息，从而可以判断样品的晶体结构；通过直接在高分辨率像上计算晶面间距，观察到样品的结晶程度等信息。

3.1.6 原子力显微镜

原子力显微镜（atomic force microscope，AFM）是基于测量探针和被测样品之间的作用力大小来反推样品的表面形貌、力学及电学等特性的一种微区测试仪器。1986 年，IBM 公司的 Binning 和斯坦福大学的 Quate 等合作发明了 AFM[43]，在理想状态下其成像分辨率可达原子级。在工作环境方面，由于成像原理不涉及电子束，AFM 是为数不多的可以摆脱真空环境进行显微成像的科学仪器，适合进行变温、变压、液相等原位实验；在功能方面，AFM 可以在获取样品表面三维形貌的同时，获得样品表面导电性、表面电势分布以及力学性能等信息，具有多功能性。上述两个特点使其成为微区原位分析测试的理想工具。

3.1.7 Rietveld 晶体结构解析和精修

（1）Rietveld 晶体结构解析和精修的基本理论

晶体结构解析是研究材料的重要一环，可确定结构中各原子所占的位置、与其他原子的配位、所构成化学键的键长和键角等情况，从而揭示材料的诸多物化特性。本书研究工作涉及晶体结构未知的新型层状氢氧化物及稀土激活离子在不同基质中的发光性能和机理，因而晶体结构解析具有重要的理论和实际意义。例如，明确激活剂在材料中所占格位的类型和对称性对于从根本上阐明发光性能不可或缺。

晶体结构信息的常用采集方法包括 X 射线单晶衍射、X 射线多晶衍射、中子及电子衍射和同步辐射等。X 射线单晶衍射利用单晶体对 X 射线的衍射效应来测定晶体结构，是解析晶体结构的比较理想的方法。实际工作中，尺寸和纯度均满足要求的单晶往往难以获得，且新发现和实际应用的材料往往是多晶体，因而多晶衍射技术被广泛采用。中子衍射是指热中子通过晶态物质时发生布拉格衍射，其基本原理是中子与原子核的相互作用。该衍射技术适用于确定点阵中轻元素的位置和原子量相近元素的位置，但需要特殊的强中子源。同步辐射是一种大型装置，具有波长连续可调、高强度和光色单一等优点，但成本较高，一般实验室均不装备。目前我国三个同步辐射光源分别位于合肥（国家同步辐射实验室，NSRL）、北京（北京同步辐射装置，BSRF）和上海（上海光源，SSRF）。

1967 年 Rietveld 全谱拟合技术被首次提出[44]，该方法将实验数据处理与计算机技术相结合，使研究人员能够从衍射数据中有效提取结构信息。该技术最初用于中子衍射晶体结构精修，后经十年的发展拓展到 X 射线粉末衍射数据的分析，并再经四十多年的发展在诸多常规材料的结构研究中获得了广泛应用，目前是获取晶体结构信息的有力工具。Rietveld 法是通过晶体结构参数（如晶胞参数和原子位置等）和非结构参数（衍射峰的峰形、峰位和峰宽等）模拟计算出理论衍射谱，利用计算机程序及最小二乘法对理论图谱和实验图谱进行比较，根据其差别修改初次选定的结构参数和非结构参数，并在新参数的基础上再计算理论图谱，再进行比较，如此反复迭代，使计算谱和实验谱的差值达到最小，进而求得各个参量的最佳值并获取蕴藏在衍射谱中丰富的结构信息[45]。

Rietveld 法目前广泛应用于已知结构化合物的结构精修、定性分析、多物相的定量分析、材料微观结构分析（如晶格应力、晶粒大小、缺陷等）以及形貌和相变研究。

（2） Rietveld 拟合结果正确性评判

实际应用中精修和拟合结果的好坏往往以可信度因子（即 R 因子）进行衡量。通常而言，R 因子的值越小说明拟合结果越精确，即所解析出的晶体结构的正确性越高。通常使用的 R 因子包括以下几种：

$$\text{权重因子}(R_{wp}):R_{wp}=[\sum W_i(Y_{ci}-Y_{oi})^2/\sum W_i Y_{oi}^2]^{1/2} \tag{3-1}$$

$$\text{结构因子}(R_F):R_F=\sum|F_{ci}-F_{oi}|/\sum F_{oi} \tag{3-2}$$

$$\text{布拉格因子}(R_B):R_B=\sum|I_{ci}-I_{oi}|/\sum I_{oi} \tag{3-3}$$

$$\text{衍射谱 }R\text{ 因子}(R_P):R_P=\sum|Y_{ci}-Y_{oi}|/\sum Y_{oi} \tag{3-4}$$

$$\text{权重因子的期望值}(R_{exp}):R_{exp}=[(N-P)/\sum W_i Y_{oi}^2]^{1/2} \tag{3-5}$$

$$\text{拟合优度}(\chi^2):\chi^2=R_{wp}/R_{exp}=\sum[W_i(Y_{ci}-Y_{oi})/(N-P)]^{1/2} \tag{3-6}$$

式中　N——为实测数据点的数量；

P——精修中可变参数的数目；

W_i——基于计数统计的权重因子，$W_i = 1/Yc_i$；

Y_{ci}——衍射谱上某点 $(2\theta)_i$ 处的计算强度（下标“c”表示计算值）；

Y_{oi}——衍射谱上某点 $(2\theta)_i$ 处的实测强度（下标“o”表示实测值）。

其中最能反映拟合好坏的 R 因子为权重因子（R_{wp}），实际工作中认为该值小于15%时拟合结果可信、小于10%时拟合结果良好。但 R 因子的值不能作为拟合是否可信、结构是否正确的唯一标准，同时还需考虑所得结构模型的化学、物理合理性，即模型中原子间距（键长和是否能成键）、键角、原子占位率和化学成分等。结合其他表征手段如傅里叶变换红外光谱、拉曼光谱、透射电子显微镜分析等可进一步提高或确认分析结果的可信度。

Rietveld 拟合常用软件：Rietveld 全谱拟合是借助于计算机实现的。到目前为止，研究人员已经开发出多种体系完善、功能强大的软件用于 Rietveld 全谱拟合，如 GASA[46]、RIETAN[47]、FULLPROF[48]、DBWS[49] 和 TOPAS[50] 等。虽然软件程序不同，但都基于 Rietveld 全谱拟合的基本原理。

3.2 发光材料的表征

发光材料有多种分类方法，按照激发源的不同主要可以分为光致发光、阴极射线发光、电致发光、热释发光、声致发光、光释发光、辐射发光及力致发光等。本书介绍的主要是光致发光及部分阴极射线发光。在发光材料的研究中，对于发光材料的性能指标通常采用一些特有的物理量进行表征，主要如下。

3.2.1 激发光谱及发射光谱

激发光谱是指发光材料在不同波长的光的激发下，该材料的某一发光谱线和谱带的强度或者发光效率与激发光波长的关系。根据激发光谱可以确定激发该发光材料使其发光所需要的激发光波长范围，并可以确定某发光谱线强度最大时最佳的激发光波长。由此可见，激发光谱反映不同波长的光激发材料的效率。因此，激发光谱表示对发光起作用的激发光的波长范围。

发射光谱是指发光材料在某一特定波长光的激发下，所发射的不同波长光的强度或者能量的分布。许多发光材料的发射光谱是连续谱带，但常常由一个或可分解成几个峰状的曲线组成，这些峰所对应的波长称为峰值波长，它用来描述荧光所含有的主要颜色。

荧光分光光度计是用于扫描液相荧光标记物所发出的荧光光谱的一种仪

器。其能提供包括激发光谱、发射光谱以及荧光强度、量子产率、荧光寿命、荧光偏振等许多物理参数，从各个角度反映了分子的成键和结构情况。通过对这些参数的测定，不但可以做一般的定量分析，而且还可以推断分子在各种环境下的构象变化，从而阐明分子结构与功能之间的关系。一般的荧光分光光度计的激发及发射光谱的测试范围在200～900nm，对于一般的发光材料均可满足要求，但对于某些特殊材料则无法满足，需要特殊的测试方法，如对于PDP用荧光材料，因其激发光源在真空紫外区（小于200nm）则需要采用特殊的测试方法，如同步辐射法；另外在夜视等领域有重要应用的近红外发光材料的发射光谱的检测也需要装有特殊配件的光谱仪方可测试。一般测试范围可到2000nm左右。

由高压汞灯或氙灯发出的紫外光和蓝紫光经滤光片照射到样品池中，激发样品中的荧光物质发出荧光，荧光经过滤光和反射后，被光电倍增管所接收，然后以图或数字的形式显示出来。物质荧光的产生是由在通常状况下处于基态的物质分子吸收激发光后变为激发态，这些处于激发态的分子是不稳定的，在返回基态的过程中将一部分的能量以光的形式放出，从而产生荧光。不同物质由于分子结构的不同，其激发态能级的分布具有各自不同的特征，这种特征反映在荧光上表现为各种物质都有其特征荧光激发和发射光谱，因此可以用荧光激发和发射光谱的不同来定性地进行物质的鉴定。

3.2.2　色坐标

不同人对颜色判断不会完全相同，为了科学地描述颜色引入了色度图。色度图可定量地对一种颜色进行描述，荧光体的发光颜色一般用色坐标来表示，任何一种颜色 H_0 都可以用三基色，即蓝色（x_0）、绿色（y_0）和红色（z_0）定量表示出来：

$$H_0=x \cdot x_0+y \cdot y_0+z \cdot z_0 \tag{3-7}$$

而 x，y，z 值即所谓色坐标和平面方程有关

$$x+y+z=1 \tag{3-8}$$

其中只有2个值是彼此独立的。因而色度一般用2个值（x 和 y）来表示，就可以不用三维而是用二维的色度图来表示一种颜色，其中CIE标准色度图是比较完善和精确的系统。现在最常用的是CIE 1931色度图（图3-1）。

色度图中颜色部分形如舌尖，又称为舌形区，舌形区的顶部是绿色域，底部靠左的部分是蓝色域，底部靠右的部分是红色域。由单光混合而成的全部颜色均沿着舌形区的边界线分布，舌形区的边界线称为光谱轨迹。紫色把代表红色的色度点和代表蓝色的色度点连接在一起，表示这两种颜色相混合时可能得

到各种混合色的色度，其中包括部分红色和所有紫色的色度点。在这条线上混合色的饱和度基本为100%。具有紫色相及紫色相邻的红色相的颜色称为非光谱色相色。除此之外，其他色相的颜色称为光谱色相色。色度点在色度图中的位置反映颜色的饱和程度，曲线内部的每一点代表一种不饱和光，即一种颜色，离光谱轨迹或紫色越近的点，颜色饱和度就越高，中心点 E 附近的颜色饱和度为 0[51,52]。

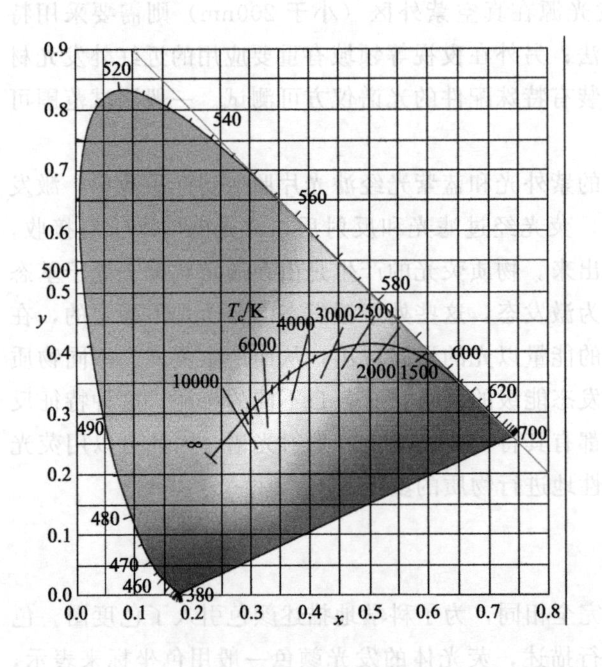

图 3-1　CIE 1931 色度图

版本 CIE1931xy. V. 1. 6. 0. 2

3.2.3　色温

除色坐标外，光源的发光颜色也可用色温（colortemperature）描述（图 3-2）。如果某物体可以吸收外来的所有电磁辐射，同时没有任何反射和透射，则该物体可称为黑体（blackbody）。如果某黑体能把吸收到的所有能量以光的形式释放出去，它呈现的颜色就和它吸收到的能量相关。如果光源在温度 T 时发光的颜色，与黑体在热力学温度 T_c 时辐射光的颜色相同，则黑体的热力学温度 T_c 称为该光源的颜色温度，即绝对色温（CT）[53]。对于常见的照明设备，白光色温大约为 5000K。一般规定 3000～5000K 为暖色温，其光温度较低，红辐射相对较多；5000～7500K 为冷色温，光温度较高，蓝辐射较多[54,55]。颜色能使人产生冷暖感觉，现今主流的观点是不同颜色会引起人的不同生理反应，比如红光会促使血压升高、脉搏加快，因此有温暖感；蓝色有降低血压、减缓脉搏的作用，因此有凉暗感[56]。

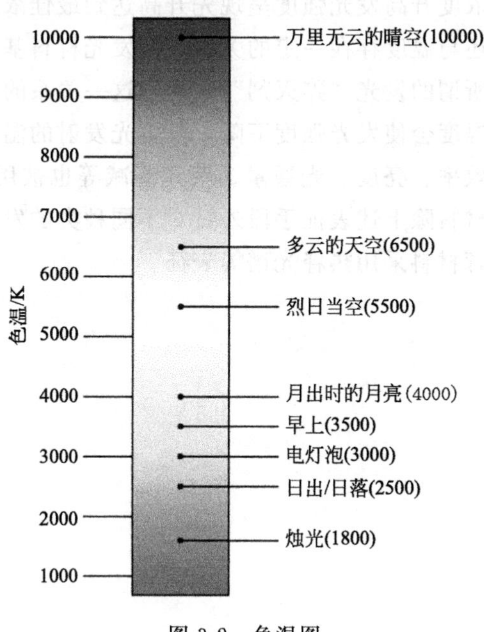

图 3-2　色温图

3.2.4　漫反射光谱

讨论材料的光致发光性能，漫反射光谱（diffuse reflection spectrum，DRS）是一项必不可少的工具。一般而言，漫反射光特指进入被测试样品内部的入射光经过多次的反射、折射、吸收与散射后重新回到样品表面的光[57]。通过漫反射光谱的检测，可以确定被测试的材料对紫外光、可见光以及近红外光是否存在吸收。区别于一般的吸收光谱，漫反射光谱是一种致力于收集反射光而绘制的光谱，用于光无法直接穿透的固体样品的检测。

3.2.5　发光强度

光源某方向单位立体角内发出的光通量定义为光源在该方向上的发光强度，其单位为坎德拉（cd），是国际单位制 7 个基本单位之一，用符号 I 表示。$I=\Phi/W$，W 为光源发光范围的立体角，立体角是一个锥形角度，用球面度来测量，单位为球面度（Sr）。Φ 为光源在 W 立体角内所辐射出的总光通量（lm）。在实际中，通常把用于研究的发光材料的发光强度和标准件用的发光材料的强度（同样激发条件下）相比较来表征发光材料的技术特性，此时所测量的发光强度为相对值。材料的体系、制备方法、存在形态等均影响材料的发光强度。另外激活剂浓度对荧光粉发光强度也有较大影响，一般会有浓度猝灭现象即随着激活剂浓度升高发光强度呈现先升高达到最佳浓度后发光强度降低的现象。发光强度还与温度存在一定的关系，由发光材料基质成分、激活剂的化学特性以及存在所谓的发光“猝灭剂”来确定这一关系的特性。在超出一定温度范围后，提高温度会使发光强度下降，发生光发射的温度猝灭。

除此之外量子效率、亮度、光通量、荧光衰减等也被用于表征发光材料。对于其他种类发光材料除上述表征手段外针对不同种类的发光材料仍有多种表征方法，如对长余辉材料采用热释光谱等表征。

第4章

硫酸盐型稀土层状氢氧化物的水热相选择扩展合成及结构解析

4.1 含结晶水型硫酸盐型稀土层状氢氧化物

4.1.1 含结晶水型硫酸盐型稀土层状氢氧化物概述

2010年日本国立材料研究所Sasaki课题组[14] 以稀土硫酸盐[$RE_2(SO_4)_3 \cdot 8H_2O$]、Na_2SO_4和六亚甲基四胺[$(CH_2)_6N_4$;HMT]为原料，采用均匀沉淀法首次制备出了分子式为$RE_2(OH)_4SO_4 \cdot nH_2O$的硫酸盐型稀土层状氢氧化物(简称为RE-241相；RE=Pr-Tb)。次年该课题组[26] 结合X射线同步辐射和电子衍射进行了结构解析，发现该类化合物属于单斜晶系（空间群：$A2/m$，No.12；轴线角约为90°)。其结构特征为九配位多面体[$RE(OH)_8H_2O$]以共边兼共面方式连接成主层板，而硫酸根离子位于层间起电荷平衡作用并与主层板沿c轴交替堆垛。2015年该课题组[58] 采用同样方法制备出了Tb^{3+}掺杂的Ce-241并研究了由Ce^{3+}向Tb^{3+}的能量传递。Sasaki课题组对该类化合物的合成限于RE=Ce-Tb，其合成仅限于均匀沉淀法。另外，采用均匀沉淀法制备的RE-241的微观形貌为不规则团聚体[14]，且存在室温下HMT水解缓慢、高温下空气中反应时易生成甲醛和甲酸等有机物而降低产率等问题。

针对上述问题，东北大学李继光课题组探索了水热法在该类化合物合成中的应用，获得了分散良好、颗粒尺寸均匀的RE-241化合物。明确了镧系收缩对产物成相的影响，并通过优化水热反应成功将该类化合物由目前报道的RE=Ce-Tb扩展至RE=La-Dy。在此基础上，采用Rietveld技术进行了详细的晶体结构解析和精修，报道了La-241和Dy-241的晶体结构信息，明确了镧系收缩对结构参数的影响。此外，对在发光材料领域可望获得重要应用的La-241层状化合物进行了相选择优化合成研究。下面主要针对RE-241的水热合成及结构解析进行叙述。

4.1.2 $RE_2(OH)_4SO_4 \cdot nH_2O$（RE=La-Dy）的水热扩展合成

$RE_2(OH)_4SO_4 \cdot nH_2O$(RE＝La-Dy)的合成主要有以下步骤：将粉末状的 RE_2O_3(RE＝Er-Lu) 溶于热硝酸形成硝酸盐溶液后配制成 0.1mol/L 的溶液待用。将硝酸盐颗粒[$RE(NO)_3 \cdot 6H_2O$,RE＝La-Ho]溶于水配制成 0.1mol/L 的溶液。实验中取 0.8g$(NH_4)_2SO_4$ 颗粒（6mmol）溶于 60mL 稀土硝酸盐（6mmol）溶液，经 15min 搅拌均匀化后逐滴滴入氨水以调节溶液 pH 值至预定值。再经 15min 搅拌后将所得悬浊液移至 100mL 反应釜内，并于烘箱中在预定温度下水热反应 24h。反应产物经自然冷却至室温后用蒸馏水离心清洗三次、酒精润洗一次，随后置于 70℃烘箱中干燥 24h 得到粉末状产物。

图 4-1 为以不同稀土硝酸盐及硫酸铵为原料，以氨水为 pH 调节剂在 100℃和 pH＝9 时水热反应 24h 所得产物的 XRD 图谱。结合红外图谱（图 4-3）和已有文献报道[14,59,60]，可知 La-Gd（除 Ce 外）的水热产物为纯相硫酸盐型层状氢氧化物 $RE_2(OH)_4SO_4 \cdot nH_2O$(RE-241)。Ce 的水热产物以 Ce-241 为主，但因 Ce^{3+} 在碱性条件下易被氧化而存在 CeO_2 杂峰，如图 4-1

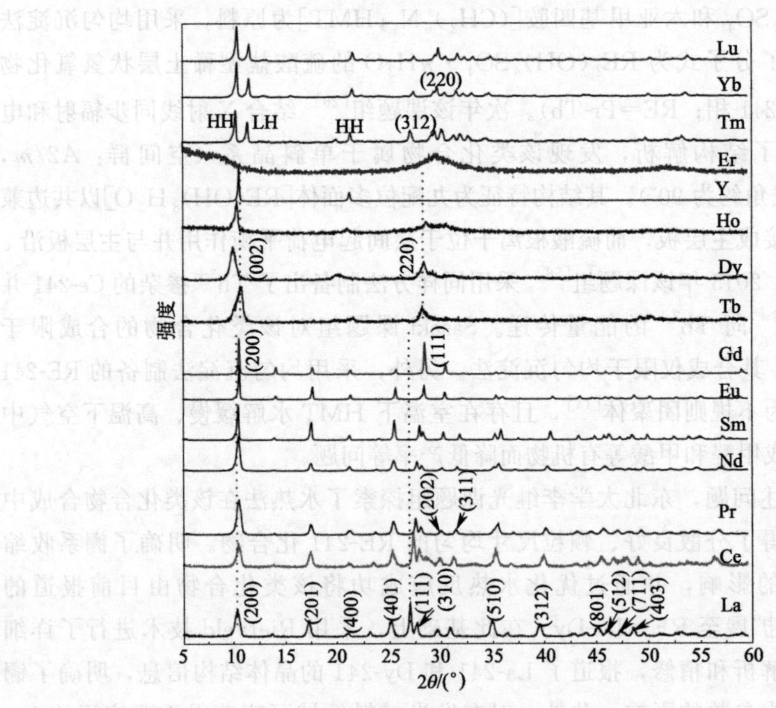

图 4-1　在 100℃和 pH＝9 的条件下经 24h 水热反应所得产物的 XRD 图谱

所示。Rietveld 精修表明 CeO_2 的含量约为28%。RE-241 的各衍射峰均随 RE 离子半径减小而向高角度漂移，与镧系收缩规律相吻合，但（h00）衍射峰[如(200)]的漂移速度和程度远低于非（h00）衍射[如(111)]。这与该类层状化合物的结晶习性密不可分。从后文的 Rietveld 分析结果可知，RE-241 可视为由九配位多面体[$RE(OH)_8H_2O$]通过共边兼共面方式连接而成的主层板和层间硫酸根沿着 a 轴交替堆垛而成，层板与层板之间由硫酸根连接。硫酸根四面体在多数晶体结构中不易发生畸变或畸变程度非常有限[26]，因此刚性结构的硫酸根限制了 a 轴方向上的收缩，导致（h00）衍射难以漂移。

Tb-Ho 的水热产物呈现硝酸盐型层状氢氧化物 $RE_2(OH)_5NO_3 \cdot nH_2O$ 的典型 XRD 衍射特征[16]，但 FTIR(图 4-3) 和 ICP(表 4-1) 分析均表明其层间阴离子基团为 SO_4^{2-}，故可将其标定为 $RE_2(OH)_5(SO_4)_{0.5} \cdot nH_2O$(RE＝Tb-Ho)。该类化合物可视作 $RE_2(OH)_5NO_3 \cdot nH_2O$ 的硫酸根置换产物[16,61,62]，但其直接合成报道较少。以上分析表明稀土硝酸盐和硫酸铵经适宜水热反应可一步获得该类层状化合物。随稀土离子半径变小，该类化合物的（002）衍射向低角度漂移而（220）衍射向高角度漂移，与前人报道一致[63]。Er 的水热产物呈现非晶特性，但红外和元素分析表明其化学成分与 Tb-Ho 的产物相似。Tm、Yb 和 Lu 的水热产物不能与目前报道的层状化合物或其他任何相关标准衍射卡匹配，但由 ICP 和 FTIR 分析结果可知其所含官能团和化学组成与 Tb-Er 的产物相似。其不同的 X 射线衍射结果可能是因为形成了高结晶水相（高 n 值）和低结晶水相（低 n 值）的混合物。对于高、低结晶水相的标定结果见图 4-2。

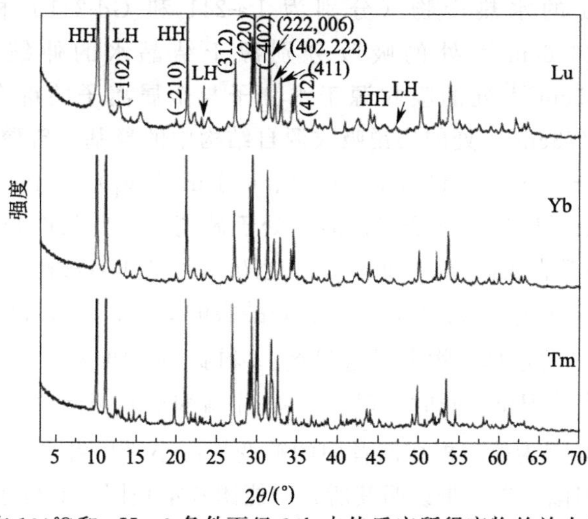

图 4-2　在 100℃和 pH＝9 条件下经 24h 水热反应所得产物的放大 XRD 图谱

ICP 元素分析进一步验证了水热产物的化学成分，见表 4-1。假定 C 和 N 分别源于 CO_3^{2-} 和 NO_3^- 且该两种离子仅替换结构中的羟基，则产物化学式中的羟基数可由分子电中性原则计算得出，而结晶水含量 n 可由稀土元素的质量含量得出。所观察到的物相演化与镧系收缩规律吻合良好，即稀土离子的水解随离子半径收缩而加剧，导致产物中的 OH^- ∶ RE^{3+}、OH^- ∶ SO_4^{2-} 和 RE^{3+} ∶ SO_4^{2-} 物质的量比均逐渐增大，由 $RE_2(OH)_4SO_4 \cdot nH_2O$(RE＝La-Gd)的 4∶2、4∶1、2∶1 提高到 $RE_2(OH)_5(SO_4)_{0.5} \cdot nH_2O$(RE＝Tb-Lu)的 5∶2、10∶1、4∶1。这也是重稀土元素（Tb-Lu）的 241 型化合物难以在该水热条件下成相的主要原因。

表 4-1　典型水热产物的化学分析结果及相应化学式

分析的元素/%					化学式
RE		S	N	C	
La	56.9	6.9	0.04	0.16	$La_2(OH)_{3.75}(SO_4)_{1.05}(NO_3)_{0.01}(CO_3)_{0.07} \cdot 2.28H_2O$
Pr	57.4	6.8	0.18	0.22	$Pr_2(OH)_{3.68}(SO_4)_{1.04}(NO_3)_{0.06}(CO_3)_{0.09} \cdot 2.09H_2O$
Gd	62.0	5.2	0.26	0.23	$Gd_2(OH)_{4.07}(SO_4)_{0.83}(NO_3)_{0.09}(CO_3)_{0.09} \cdot 1.82H_2O$
Tb	64.0	3.2	0.10	0.12	$Tb_2(OH)_{4.86}(SO_4)_{0.50}(NO_3)_{0.04}(CO_3)_{0.05} \cdot 2.33H_2O$
Ho	64.8	3.3	0.02	0.29	$Ho_2(OH)_{4.71}(SO_4)_{0.52}(NO_3)_{0.01}(CO_3)_{0.12} \cdot 2.24H_2O$
Lu	68.3	3.7	0.06	0.26	$Lu_2(OH)_{4.58}(SO_4)_{0.59}(NO_3)_{0.02}(CO_3)_{0.11} \cdot 1.11H_2O$

图 4-3 为 100℃和 pH＝9 时水热反应 24h 所得几种典型产物的红外图谱。可见 La 与 Gd 的水热产物（分别为 La-241 和 Gd-241）相似。其位于 $3251cm^{-1}$ 和 $1676cm^{-1}$ 处的吸收分别源于结晶水的伸缩和弯曲振动，$532cm^{-1}$ 与 $765cm^{-1}$ 处的吸收源于水分子与金属离子的键合振动[64]，而 $3604cm^{-1}$ 和 $3478cm^{-1}$ 处的尖锐吸收源自结构中的羟基。硫酸根的基本振动模式位于 $1104cm^{-1}(\nu_3)$、$981cm^{-1}(\nu_1)$、$618cm^{-1}(\nu_4)$ 和 $451cm^{-1}(\nu_2)$ 处。据报道，硫酸根不与其他离子配位时（处于游离状态）只能观察到无劈裂的 ν_3 和 ν_4 振动而不能观察到 ν_1 和 ν_2[64]。当硫酸根处于直接配位状态时，ν_3 和 ν_4 发生劈裂且呈现 ν_1 和 ν_2 振动吸收。硫酸根的 ν_1、ν_2、ν_3 和 ν_4 主振动模式均可在 La 和 Gd 的水热产物中观测到且 ν_3 和 ν_4 劈裂明显[64,59]，说明结构中的硫酸根参与直接配位。同时发现 Gd-241 中硫酸根 ν_3 振动的劈裂程度明显小于 La-241，这是因为硫酸根在前者中的畸变程度小于后者[26]。Tb-Lu 水热产物的红外图谱相似，进一步说明其所含官能团基本相同。其位于 $1120cm^{-1}$ 和 $620cm^{-1}$ 处的硫酸根的 ν_3 和 ν_4 振动与 La 和 Gd 产物中硫酸根的 ν_3 和 ν_4 振动明显不同且无劈裂，说明硫酸根未参与直接配位。但 ν_1 和 ν_2 振动的出现则说

明硫酸根并非完全游离于层间，而是通过氢键作用与主层板中的羟基和/或水分子作用。另外，3565cm^{-1} 处的振动源自结构中的结晶水[64]。

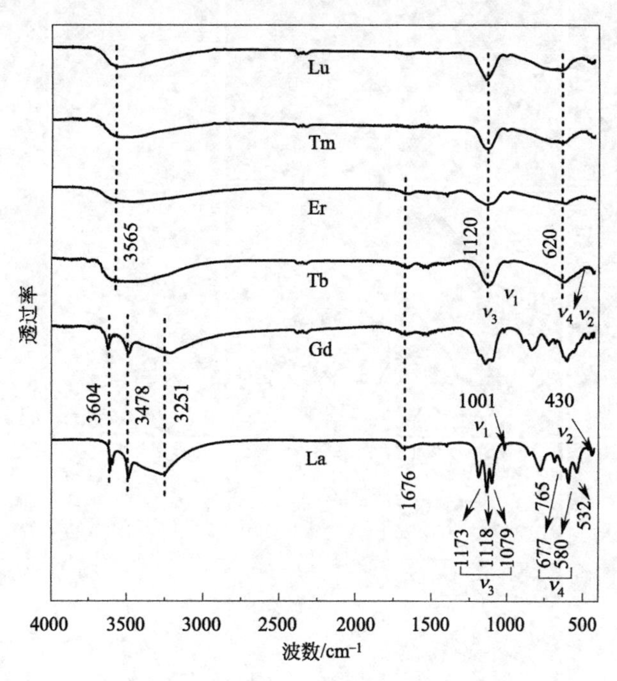

图 4-3　典型水热产物的 FTIR 图谱

图 4-4（内嵌图为高倍率观察结果）为不同水热产物的扫描电子显微形貌。可以看出 La-241 与 Ce 的产物相似，为长约 300～500nm 的纳米片。Pr-241 与 Nd-241 形貌相似，为长约 500～700nm、厚约 20～35nm 的纳米片。Sm-241 产物的片厚明显增大（300～800nm）且长度达到 8～12μm。Eu-241 呈微米棒状，其长度和直径分别为 30～50μm 和 2.5～4.5μm。Gd-241 有两种形貌，一种是与 Eu-241 相似的微米棒（主形貌）而另一种是与 Tb 的水热产物相似的球状颗粒（直径 600～700nm）。前述 XRD 结果表明 Gd 的水热产物为纯相 Gd-241，但扫描分析表明存在微量杂相。根据该杂相的形貌和前文分析的成相规律可判定该杂相最可能为 $Gd_2(OH)_5(SO_4)_{0.5}\cdot nH_2O$。La-Gd 的产物形貌随稀土离子半径减小而明显变化且颗粒尺寸逐渐增大，这可能是由于形核率随稀土离子半径减小而逐渐降低所致。Tb 和 Dy 的水热产物均为由纳米片团聚而成的类球形颗粒，尺寸约为 700～900nm。Ho 和 Y 的水热产物形貌相似，以较大的板片为主（Ho：5～12μm，Y：15～35μm）并含有一些类似非晶的颗粒。这与前文的 XRD 结果对应良好，即 Ho 的产物结晶较差而 Er 的产物为非晶态。Tm、Yb 和 Lu 的产物均为片层状颗粒，其尺寸见图中标示。

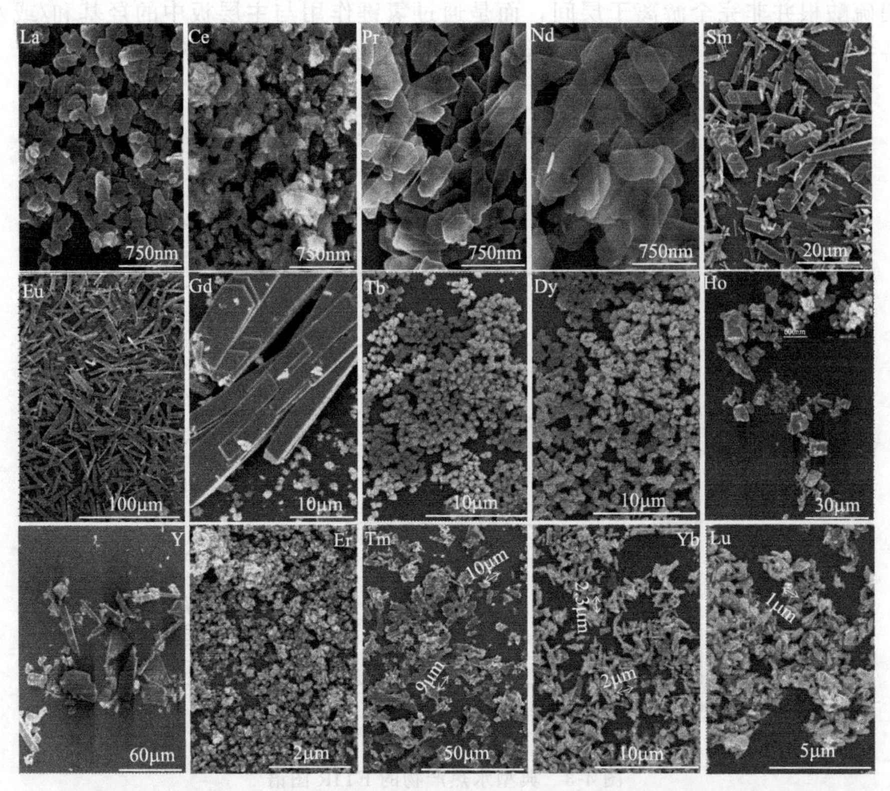

图 4-4　在 100℃和 pH＝9 的条件下水热反应 24h 所得产物的扫描电镜形貌

上述工作明确了在 100℃和 pH＝9 的水热条件下镧系收缩对成相的影响，发现产物随稀土离子半径收缩而由 RE-241(RE＝La-Gd）向 RE-251(RE＝Tb-Lu，含 Y）过渡。其原因在于稀土离子的水解程度随离子半径减小而增强，导致 Gd 以后的元素难以形成目标产物 RE-241 相。因此，降低反应体系的 pH 值以抑制稀土离子的水解将有效调制产物的 OH^- ：RE^{3+} （物质的量比）而得到 RE-241。图 4-5 为 Gd-Lu 重稀土离子在 100℃及 pH 值为 8 和 7 的水热条件下反应 24h 所得产物的 XRD 图谱。可以看出当 pH＝8 时 Gd-241 同样能够形成，但仍不能得到 Tb-Lu 元素的 241 相且产物不能与现报道的层状化合物相匹配。pH＝7 时发现 241 相的合成可扩展至 Dy，但仍未得到 Ho-Lu 的 241 相产物。对比图 4-5(b) 和图 4-1 发现 pH 值影响 241 相产物的 XRD 图谱。如 pH＝9 时产物的（200）衍射最强而 pH＝7 时（111）衍射最强。该现象与 241 相特殊的层状结晶习性和产物的形貌密切相关。由后续 Rietveld 分析可知 241 相中的稀土离子与羟基、结晶水及硫酸根中的氧经 9 配位形成[RE$(OH)_8H_2O$]多面体，而由多面体构成的主层板和层间硫酸根沿 *a* 轴方向交替堆垛。因而（*h*00）衍射面如（200）反映主层板沿 *a* 轴堆垛而非（*h*00）衍射面如（111）则主要反映主层板结构。pH＝7 时所得层状化合物为团聚体，故 X 射线衍射结果反映的是随机取向。pH＝9 时产物为分散性良好的纳米/微米片。由于其显著的二维形貌，纳米/微米板片在 XRD 检测时倾向于平躺在样品台表面，取向性明显，因而观察到更强的（200）衍射。

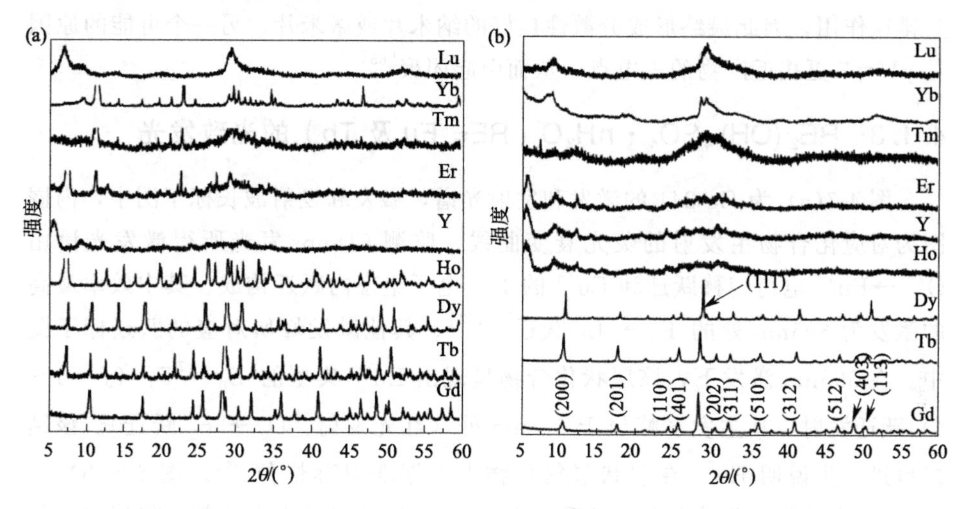

图 4-5　在 100℃和 pH＝8（a）及 pH＝7（b）的水热条件下所得产物的 XRD 图谱

图 4-6（内嵌图为高倍扫描电镜形貌）为 100℃和 pH＝7 时反应 24h 所得 Gd-241、Tb-241 和 Dy-241 的扫描电子显微图片。可以看出其形貌与 pH＝9 时的产物明显不同。即 pH＝9 时 241 相产物为分散性较好、尺寸较均匀的板片（图 4-3，La-Gd）；而 pH＝7 时的产物为高度分散、形貌规则、尺寸均匀的团聚体。Gd-241 的颗粒为直径 80～90μm 的类球形；Tb-241 为长 40～50μm

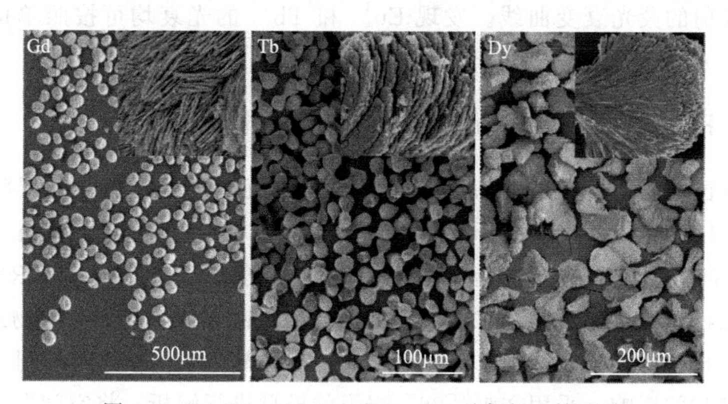

图 4-6　Gd-241、Tb-241 和 Dy-241 的扫描电镜形貌

的哑铃状；Dy-241 同样为哑铃形，但表面较粗糙且长度明显增大（达 90～120μm）。低 pH 值下团聚体的形成主要有两方面原因。一个是低 pH 值时颗粒表面因带有大量正电荷（H^+）而强力吸引高负电价的硫酸根并与之形成氢键。此时 SO_4^{2-} 基团起到类似“胶水”的作用，将纳米片“粘连”在一起形成团聚体。而高 pH 值条件下（如 pH=9）纳米片的表面带负电并对 SO_4^{2-} 基团起排斥作用，因此最终形成分散性良好的纳米片或微米片。另一个可能的原因是 pH=7 更接近产物的等电点，从而引起团聚[65]。

4.1.3 $RE_2(OH)_4SO_4 \cdot nH_2O$（RE= Eu 及 Tb）的光致发光

图 4-7(a) 为 Eu-241 的激发和发射光谱，激发和发射波长标于图中，内嵌图为对应化合物主发射的荧光衰变曲线。监测 618nm 发光所得激发光谱由 $O^{2-}\rightarrow Eu^{3+}$ 电荷转移跃迁和 Eu^{3+} 的 $4f^6$ 电子组态内跃迁构成。其中效率最高的激发为 395nm 处的 $^7F_0\rightarrow{}^5L_6$ 跃迁[66,67]。其他激发峰所对应的跃迁标于图中。在 395nm 激发下，该层状化合物呈现出 Eu^{3+} 典型的 $^5D_0\rightarrow{}^7F_J$（$J=1$～4）跃迁发射，其主发射峰位于 618nm 处（红光发射，$^5D_0\rightarrow{}^7F_2$ 跃迁）。该结果也进一步说明 Eu^{3+} 在层状氢氧化物中占据非对称格位[68]。图 4-7(b) 为 Tb-241 的激发和发射光谱。可看出 Tb-241 的激发光谱也由两部分组成，即位于 200～250nm 范围内源自 Tb^{3+} $4f^8\rightarrow 4f^7 5d^1$ 壳层间跃迁的宽带激发和位于 250～500nm 范围内源于 $4f^8$ 壳层内跃迁的尖锐激发峰，其中效率最高的激发为位于 352nm 处的 $^7F_6\rightarrow{}^5G_{6\text{-}2}$ 跃迁[69]。在该波长激发下，Tb^{3+} 在层状化合物中呈现出典型的 $^5D_4\rightarrow{}^7F_J$ 跃迁。主发射位于 545nm 处，为鲜艳的绿光，归属于 Tb^{3+} 的 $^5D_4\rightarrow{}^7F_5$ 跃迁[70]。图 4-7(a) 和 (b) 的内嵌图为该两种层状化合物主发射的荧光衰变曲线。发现 Eu^{3+} 和 Tb^{3+} 的光衰均可按照单指数函数拟合，荧光寿命分别为 1.36ms 和 1.35ms。

4.1.4 $RE_2(OH)_4SO_4 \cdot nH_2O$ 层状氢氧化物的结构精修

日本国立材料研究所 Sasaki 课题组对均匀沉淀所得硫酸盐型层状氢氧化物 RE-241(RE=Pr-Tb) 进行了结构解析[14,26]，认为该类化合物属于轴线角约为 90°的单斜晶系（空间群：$A2/m$）。东北大学李继光课题组将 RE 的范围扩展至 La-Dy，并在 Sasaki 工作的基础上针对所制备的一系列化合物进行系统的结构解析以明确新化合物 La-241 和 Dy-241 的晶体结构信息并探讨镧系收缩对结构参数的影响。采用文献［26］报道的模型进行解析，将空间群标准化为 $C2/m$ 后得到了如图 4-8 所示的拟合结果，图中黑色线代表实测图谱，红色线

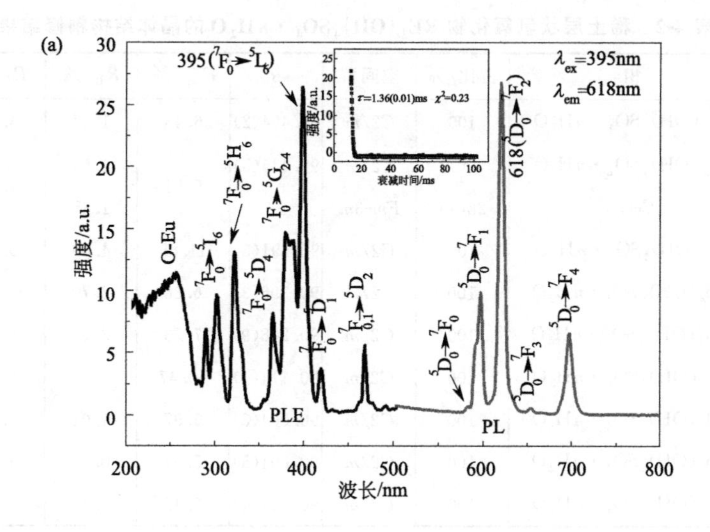

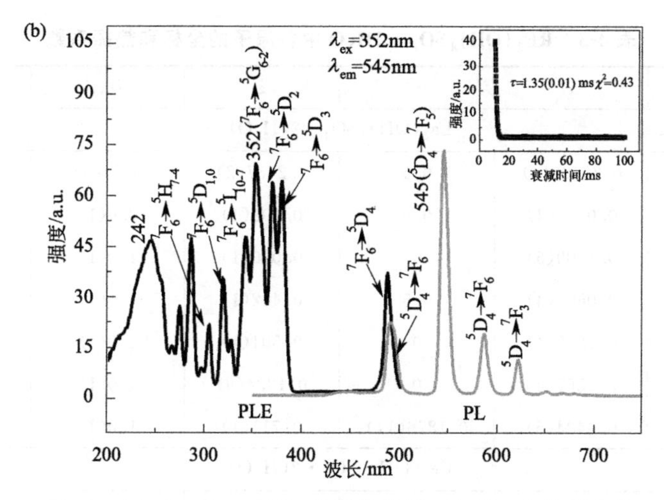

图 4-7　Eu-241(a) 和 Tb-241(b) 的激发光谱（左侧）和发射光谱（右侧）

代表计算图谱，灰色线代表实测与计算结果间的差异，绿色线代表布拉格衍射峰位。由图可知除 Ce 的化合物外其余 X 射线衍射数据均与所建模型拟合良好，所得拟合因子和主要拟合参数见表 4-2。Ce^{3+} 离子易被氧化为 Ce^{4+}，故 Ce 的产物含层状化合物主相和 CeO_2 杂相，精修发现后者的含量约为 28%。发现以水热法扩展合成所得 La-241 和 Dy-241 与已报道的 RE-241（RE＝Pr-Tb）为同构物质。在一系列 241 相层状化合物中 La-241 的晶胞体积最大而 Dy-241 的最小，与稀土离子半径相呼应。RE-241 中各原子的坐标和热振系数见表 4-3，主要键长见表 4-4。

表 4-2 稀土层状氢氧化物 $RE_2(OH)_4SO_4 \cdot nH_2O$ 的晶体结构精修结果

RE	相	占比/%	空间群	β	R_{wp}/%	R_B/%	R_P/%	χ^2
La	$La_2(OH)_4SO_4 \cdot nH_2O$	100	$C2/m$	90.454(2)	6.43	1.47	4.68	1.58
Ce	$Ce_2(OH)_4SO_4 \cdot nH_2O$	72(1)	$C2/m$	90.445(5)	5.51	1.55	4.21	1.40
	CeO_2	28(1)	Fm-3m	—		1.45		
Pr	$Pr_2(OH)_4SO_4 \cdot nH_2O$	100	$C2/m$	90.391(3)	11.65	4.00	9.40	3.58
Nd	$Nd_2(OH)_4SO_4 \cdot nH_2O$	100	$C2/m$	90.296(3)	6.38	2.70	4.82	3.52
Sm	$Sm_2(OH)_4SO_4 \cdot nH_2O$	100	$C2/m$	90.208(9)	7.73	3.54	5.91	1.99
Eu	$Eu_2(OH)_4SO_4 \cdot nH_2O$	100	$C2/m$	90.114(1)	10.47	3.77	8.11	2.50
Gd	$Gd_2(OH)_4SO_4 \cdot nH_2O$	100	$C2/m$	90.064(8)	5.97	1.04	4.53	1.27
Tb	$Tb_2(OH)_4SO_4 \cdot nH_2O$	100	$C2/m$	90.091(5)	5.51	0.90	4.24	1.46
Dy	$Dy_2(OH)_4SO_4 \cdot nH_2O$	100	$C2/m$	90.034(4)	7.47	3.19	5.74	1.57

表 4-3 $RE_2(OH)_4SO_4 \cdot 2H_2O$ 中各原子的坐标和热振系数

项目	x	y	z	B_{iso}	Occ.
$La_2(OH)_4SO_4 \cdot 2(H_2O)$					
La	0.20000(4)	0.5	0.2537(2)	0.73(6)	1
S	0.0218(4)	0.5	0.609(1)	0.6(1)	0.5
Ow	0.1009(5)	0	0.090(1)	1.0(1)	1
O1	0.0604(4)	0.5	0.412(1)	1.0(1)	1
O1h	0.1867(4)	0	0.501(1)	1.0(1)	1
O2h	0.2867(4)	0	0.1334(9)	1.0(1)	1
O2	0.0424(5)	0.1876(17)	0.711(1)	1.0(1)	0.5
$Ce_2(OH)_4SO_4 \cdot 2(H_2O)$					
Ce	0.1998(1)	0.5	0.2525(4)	1.5(4)	1
S	0.0210(9)	0.5	0.589(2)	1.3(5)	0.5
Ow	0.107(1)	0	0.129(3)	2.9(4)	1
O1	0.065(1)	0.5	0.421(3)	2.9(4)	1
O1h	0.1880(9)	0	0.514(3)	2.9(4)	1
O2h	0.280(1)	0	0.115(2)	2.9(4)	1
O2	0.041(1)	0.204(5)	0.726(5)	2.9(4)	0.5
$Pr_2(OH)_4SO_4 \cdot 2(H_2O)$					
Pr	0.20090(7)	0.5	0.2531(3)	1.0(1)	1
S	0.0227(6)	0.5	0.613(2)	0.4(3)	0.5

续表

项目	x	y	z	B_{iso}	Occ.
$Pr_2(OH)_4SO_4 \cdot 2(H_2O)$					
Ow	0.0930(7)	0	0.072(2)	1.0(2)	1
O1	0.0632(7)	0.5	0.424(2)	1.0(2)	1
O1h	0.1880(7)	0	0.514(3)	1.0(2)	1
O2h	0.2856(7)	0	0.125(2)	1.0(2)	1
O2	0.0443(9)	0.164(4)	0.716(4)	1.0(2)	0.5
$Nd_2(OH)_4SO_4 \cdot 2(H_2O)$					
Nd	0.20102(4)	0.5	0.2538(2)	1.13(7)	1
S	0.0233(4)	0.5	0.616(1)	0.5(2)	0.5
Ow	0.0993(4)	0	0.067(1)	1.0(1)	1
O1	0.0594(4)	0.5	0.418(1)	1.0(1)	1
O1h	0.1926(4)	0	0.497(1)	1.0(1)	1
O2h	0.2855(4)	0	0.127(1)	1.0(1)	1
O2	0.0394(5)	0.171(2)	0.718(2)	1.0(1)	0.5
$Sm_2(OH)_4SO_4 \cdot 2(H_2O)$					
Sm	0.20166(4)	0.5	0.2541(2)	0.78(5)	1
S	0.0204(4)	0.5	0.600(1)	0.6(2)	0.5
Ow	0.1055(5)	0	0.096(1)	1.3(1)	1
O1	0.0651(4)	0.5	0.408(1)	1.3(1)	1
O1h	0.1892(4)	0	0.511(1)	1.3(1)	1
O2h	0.2893(4)	0	0.130(1)	1.3(1)	1
O2	0.0420(5)	0.178(2)	0.730(2)	1.3(1)	0.5
$Eu_2(OH)_4SO_4 \cdot 2(H_2O)$					
Eu	0.20169(6)	0.5	0.2532(3)	0.19(7)	1
S	0.0193(6)	0.5	0.608(1)	0.5(2)	0.5
Ow	0.1071(8)	0	0.088(2)	1.4(2)	1
O1	0.0670(7)	0.5	0.420(2)	1.4(2)	1
O1h	0.1919(8)	0	0.499(2)	1.4(2)	1
O2h	0.2969(8)	0	0.134(2)	1.4(2)	1
O2	0.0438(8)	0.180(5)	0.738(3)	1.4(2)	0.5

续表

项目	x	y	z	B_{iso}	Occ.
$Gd_2(OH)_4SO_4 \cdot 2(H_2O)$					
Gd	0.20197(6)	0.5	0.2510(5)	0.87(7)	1
S	0.0196(8)	0.5	0.613(2)	0.6(2)	0.5
Ow	0.1079(9)	0	0.078(2)	1.1(1)	1
O1	0.0651(7)	0.5	0.413(2)	1.1(1)	1
O1h	0.1864(8)	0	0.516(2)	1.1(1)	1
O2h	0.289(1)	0	0.136(2)	1.1(1)	1
O2	0.0485(8)	0.1851(19)	0.733(5)	1.1(1)	0.5
$Tb_2(OH)_4SO_4 \cdot 2(H_2O)$					
Tb	0.20208(5)	0.5	0.2536(3)	0.64(6)	1
S	0.0205(6)	0.5	0.602(1)	0.5(2)	0.5
Ow	0.1078(7)	0	0.100(1)	1.0(1)	1
O1	0.0664(5)	0.5	0.405(1)	1.0(1)	1
O1h	0.1860(5)	0	0.508(1)	1.0(1)	1
O2h	0.2890(7)	0	0.130(1)	1.0(1)	1
O2	0.0398(6)	0.186(2)	0.727(2)	1.0(1)	0.5
$Dy_2(OH)_4SO_4 \cdot 2(H_2O)$					
Dy	0.20257(5)	0.5	0.2527(3)	0.47(5)	1
S	0.0172(6)	0.5	0.613(1)	0.5(2)	0.5
Ow	0.1160(8)	0	0.094(2)	1.0(1)	1
O1	0.0599(6)	0.5	0.397(1)	1.0(1)	1
O1h	0.1989(8)	0	0.503(1)	1.0(1)	1
O2h	0.3029(7)	0	0.150(1)	1.0(1)	1
O2	0.0477(7)	0.189(2)	0.744(3)	1.0(1)	0.5

表 4-4 $RE_2(OH)_4SO_4 \cdot 2H_2O$ 层状化合物的主要键长 单位：Å

$La_2(OH)_4SO_4 \cdot 2(H_2O)$			
La—Ow	2.788(5)	La—O2h[ii]	2.503(6)
La—O1	2.575(7)	S—O1	1.431(9)
La—O1h	2.544(4)	S—O1[iii]	1.393(9)
La—O1h[i]	2.472(7)	S—O2	1.437(8)
La—O2h	2.578(4)		

续表

$Ce_2(OH)_4SO_4 \cdot 2(H_2O)$			
Ce—Ow	2.61(1)	Ce—O2h^{ii}	2.38(2)
Ce—O1	2.52(2)	S—O1	1.31(2)
Ce—O1h	2.57(1)	S—O1^{iii}	1.44(2)
Ce—O1h^{i}	2.40(2)	S—O2	1.48(3)
Ce—O2h	2.53(1)		
$Pr_2(OH)_4SO_4 \cdot 2(H_2O)$			
Pr—Ow	2.88(1)	Pr—O2h^{ii}	2.42(2)
Pr—O1	2.56(1)	S—O1	1.38(2)
Pr—O1h	2.55(1)	S—O1^{iii}	1.46(2)
Pr—O1h^{i}	2.37(1)	S—O2	1.50(2)
Pr—O2h	2.532(8)		
$Nd_2(OH)_4SO_4 \cdot 2(H_2O)$			
Nd—Ow	2.820(6)	Nd—O2h^{ii}	2.423(8)
Nd—O1	2.594(7)	S—O1	1.395(11)
Nd—O1h	2.461(5)	S—O1^{iii}	1.400(9)
Nd—O1h^{i}	2.377(7)	S—O2	1.442(10)
Nd—O2h	2.516(4)		
$Sm_2(OH)_4SO_4 \cdot 2(H_2O)$			
Sm—Ow	2.668(6)	Sm—O2h^{ii}	2.418(6)
Sm—O1	2.476(7)	S—O1	1.42(1)
Sm—O1h	2.495(5)	S—O1^{iii}	1.43(1)
Sm—O1h^{i}	2.338(7)	S—O2	1.51(1)
Sm—O2h	2.515(5)		
$Eu_2(OH)_4SO_4 \cdot 2(H_2O)$			
Eu—Ow	2.659(9)	Eu—O2h^{ii}	2.43(1)
Eu—O1	2.48(1)	S—O1	1.42(1)
Eu—O1h	2.432(8)	S—O1^{iii}	1.45(2)
Eu—O1h^{i}	2.36(1)	S—O2	1.51(2)
Eu—O2h	2.568(9)		
$Gd_2(OH)_4SO_4 \cdot 2(H_2O)$			
Gd—Ow	2.66(1)	Gd—O2h^{ii}	2.43(1)
Gd—O1	2.49(1)	S—O1	1.46(2)
Gd—O1h	2.510(8)	S—O1^{iii}	1.42(2)
Gd—O1h^{i}	2.36(1)	S—O2	1.48(2)
Gd—O2h	2.47(1)		

续表

$Tb_2(OH)_4SO_4 \cdot 2(H_2O)$			
Tb—Ow	2.606(8)	Tb—O2h^{ii}	2.394(7)
Tb—O1	2.443(8)	S—O1	1.45(1)
Tb—O1h	2.454(5)	S—O1^{iii}	1.44(1)
Tb—O1h^{i}	2.376(8)	S—O2	1.44(1)
Tb—O2h	2.472(7)		
$Dy_2(OH)_4SO_4 \cdot 2(H_2O)$			
Dy—Ow	2.533(8)	Dy—O2h^{ii}	2.506(7)
Dy—O1	2.53(1)	S—O1	1.52(1)
Dy—O1h	2.413(5)	S—O1^{iii}	1.28(2)
Dy—O1h^{i}	2.23(1)	S—O2	1.50(1)
Dy—O2h	2.562(8)		

注：对称符号：(i)$-x+1/2$，$-y+1/2$，$-z+1$；(ii)$-x+1/2$，$-y+1/2$，$-z$；(iii)$-x$，$-y+1$，$-z+1$。

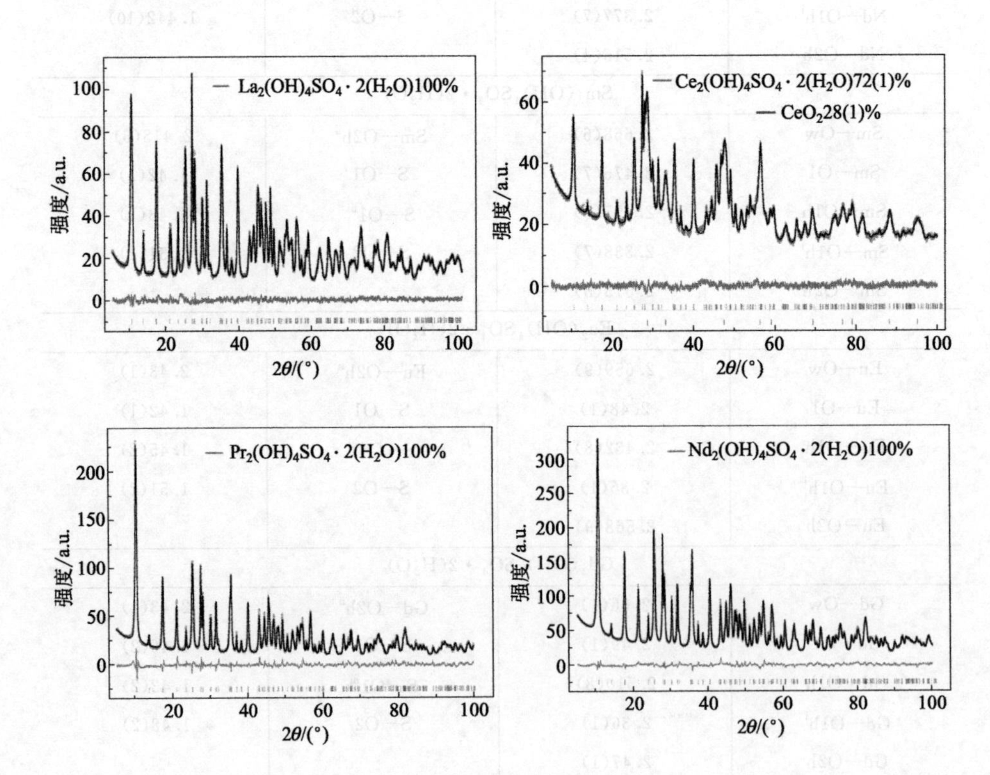

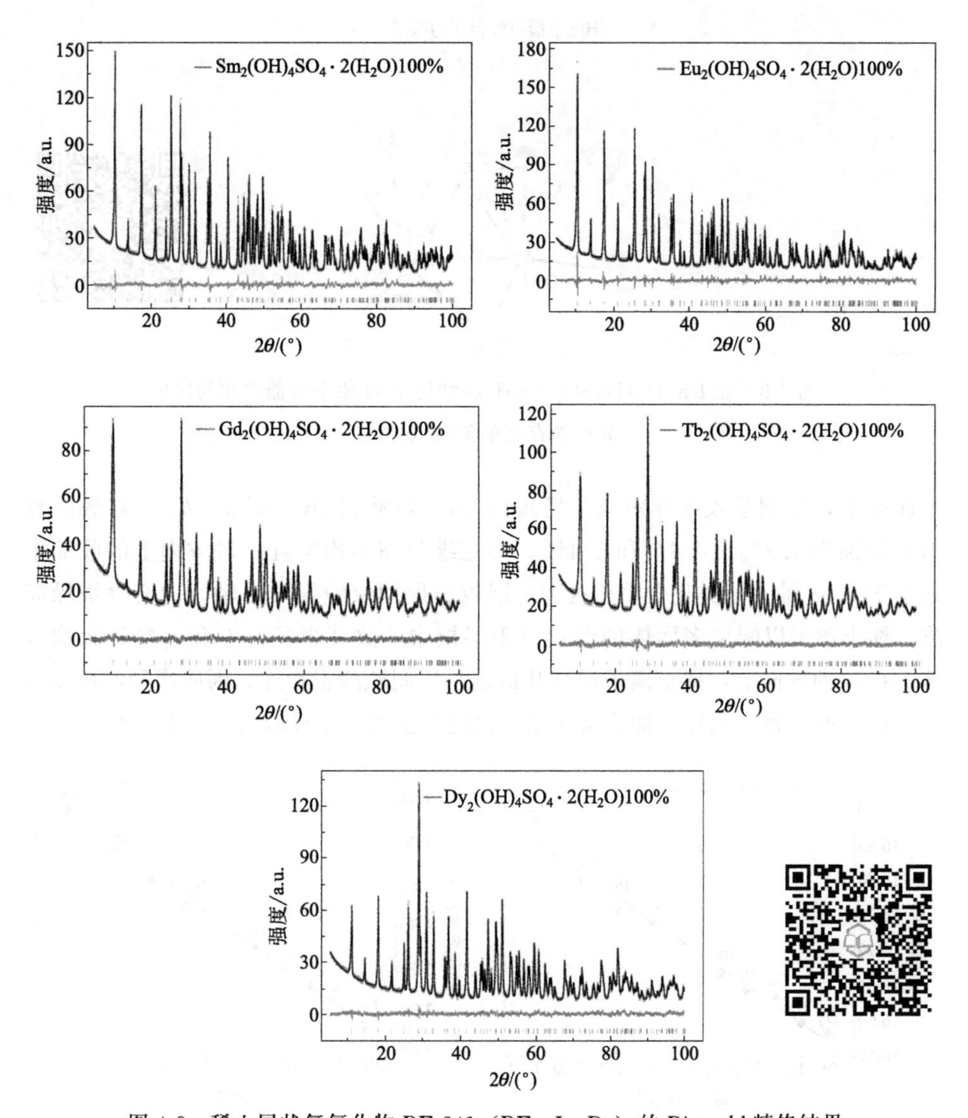

图 4-8　稀土层状氢氧化物 RE-241（RE＝La-Dy）的 Rietveld 精修结果

Sasaki 等虽于 2011 年对 RE-241 进行了结构解析，但并未探讨羟基基团中 H 原子的位置[26]。东北大学进一步的晶体结构解析结果表明 H 原子最可能存在于图 4-9 中的浅蓝色区域，因为在该区域中羟基的 H 原子可与硫酸根中的 O 形成两个氢键。由于 H 原子与硫酸根至少可在两个方向上畸变，故采用现有分析手段仍不能明确氢原子的确切位置。

Rietveld 精修所得晶格参数和晶胞体积见表 4-5，其随稀土离子半径的变化见图 4-10。可以看出晶格参数 a、b、c 及晶胞体积 V 均随稀土离子半径减

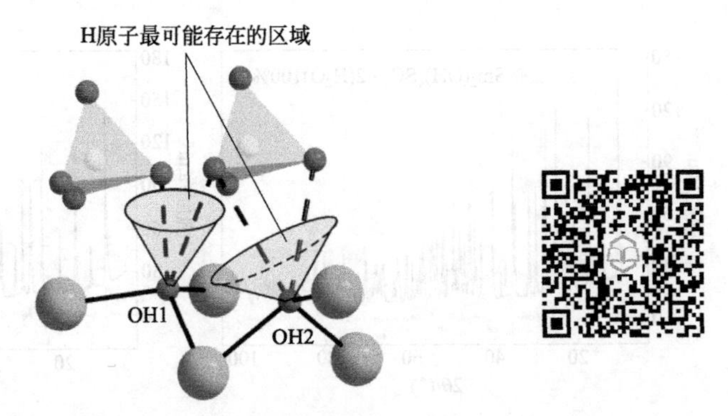

图 4-9 在 $RE_2(OH)_4SO_4 \cdot nH_2O$ 结构中 H 原子可能存在的区域和可能存在的氢键（虚线）

小而减小，与镧系收缩相对应。发现由 La^{3+} 过渡到 Dy^{3+} 时 a、b、c 参数的收缩率分别为 1.8%、6.6%和 3.4%，即三维收缩不均匀且 a 轴方向上的收缩率远小于 b、c 轴。该类化合物可视为主层板和层间硫酸根沿 a 轴方向交叠堆垛而成。稀土离子以配位多面体的形式位于层板中，故其半径对 b 和 c 参数影响显著。在 a 轴方向上，稀土离子通过共价键与层间硫酸根相连，因而半径收缩对 a 参数影响不显著。此外，轴线角 β 基本也随稀土离子半径收缩而逐渐减小。

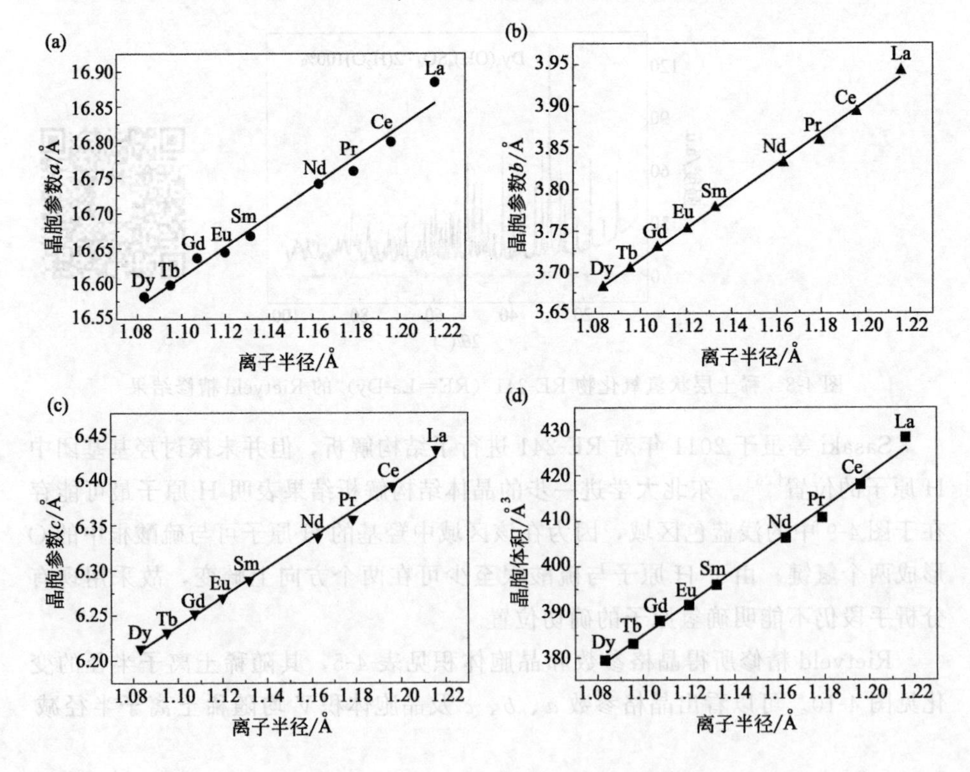

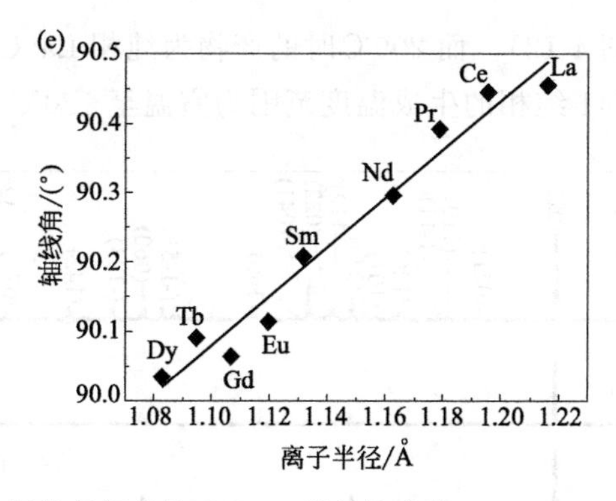

图 4-10　稀土层状氢氧化物 RE-241 的晶格参数（a）～（c）、晶胞体积（d）和轴线角（e）随稀土离子半径的变化（RE＝La-Dy）

表 4-5　$RE_2(OH)_4SO_4 \cdot nH_2O$ 的晶格参数、轴线角及晶胞体积

样品	a	b	c	β	V
$La_2(OH)_4SO_4 \cdot nH_2O$	16.8847(6)	3.9420(1)	6.4359(2)	90.454(2)	428.36(3)
$Ce_2(OH)_4SO_4 \cdot nH_2O$	16.8000(2)	3.8920(4)	6.3943(8)	90.445(5)	418.08(8)
$Pr_2(OH)_4SO_4 \cdot nH_2O$	16.7590(2)	3.8572(5)	6.3570(9)	90.391(3)	410.92(9)
$Nd_2(OH)_4SO_4 \cdot nH_2O$	16.7421(6)	3.8307(1)	6.3369(3)	90.296(3)	406.40(3)
$Sm_2(OH)_4SO_4 \cdot nH_2O$	16.6684(2)	3.7786(5)	6.2898(8)	90.208(9)	396.14(9)
$Eu_2(OH)_4SO_4 \cdot nH_2O$	16.6441(3)	3.7522(9)	6.2704(1)	90.114(1)	391.60(1)
$Gd_2(OH)_4SO_4 \cdot nH_2O$	16.6362(8)	3.7312(1)	6.2530(3)	90.064(8)	388.14(3)
$Tb_2(OH)_4SO_4 \cdot nH_2O$	16.5987(6)	3.7048(1)	6.2316(2)	90.091(5)	383.21(2)
$Dy_2(OH)_4SO_4 \cdot nH_2O$	16.5817(4)	3.6821(6)	6.2144(1)	90.034(4)	379.43(1)

4.1.5　$La_2(OH)_4SO_4 \cdot nH_2O$ 的水热合成优化

水热合成的参数将影响所得产物的物相、微观形貌等一系列参数，在层状化合物合成中水热参数也同样对所得层状化合物有较为明显的影响，本小节详述了应用较为广泛的镧的稀土层状化合物的水热合成的优化。图 4-11 为不同温度下水热反应 24h 所得产物的 XRD 图谱（pH＝9）。由文献报道和上文实验结果可知室温至 120℃的产物均为 $La_2(OH)_4SO_4 \cdot nH_2O$[14,26,59]，尽管衍射峰的相对强度明显不同。对于变化最为显著的（200）和（111）衍射，其 $I(200):I(111)$（强度比）随合成温度升高而由约 0.45 提高到了 2.50。其根本原因在于产物的显著二维晶体形貌和取向性，与上文所分析的 pH 值影响产物形貌（图 4-6），进而影响 XRD 衍射峰的相对强度类似。室温所得 La-241 为长宽相近的纳米片，其二维尺寸和厚度均随合成温度提高而增大且结晶性提高，因此 $I(200)$ 明显增大。150℃和 180℃下的水热产物含 $La(OH)SO_4$ 主相和微量未知杂相（图 4-12），而 200℃时的产物为纯相 La(OH)SO_4。上述结果表明 pH＝9 时 La-241 纯相的生成温度范围为室温至 120℃。

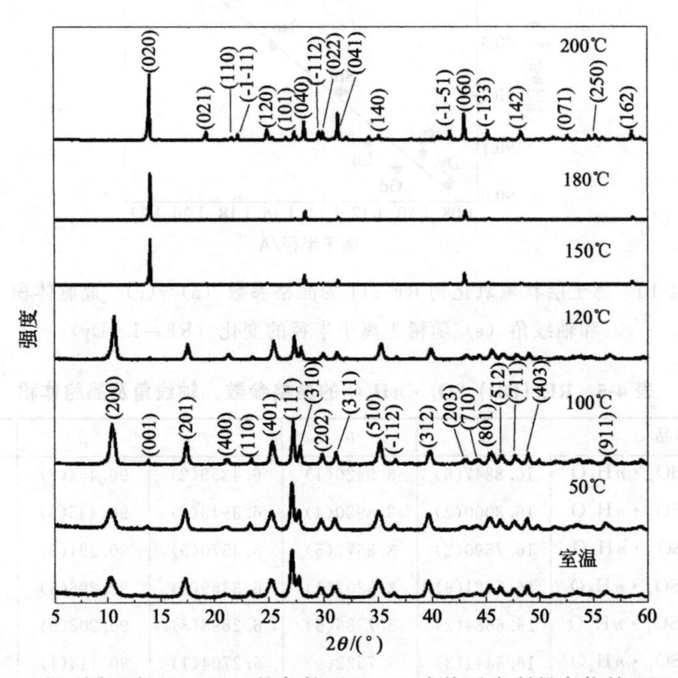

图 4-11 在不同温度和 pH＝9 的条件下经 24h 水热反应所得产物的 XRD 图谱

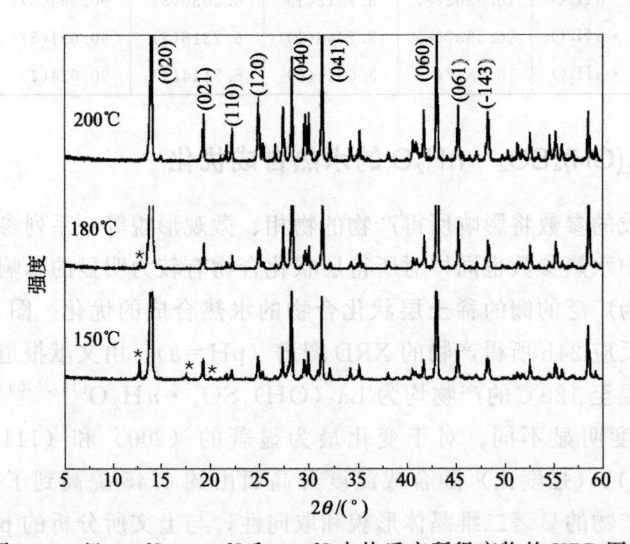

图 4-12 经 150℃、180℃和 200℃水热反应所得产物的 XRD 图谱

图 4-13 为不同水热温度下反应 24h 所得产物的 FE-SEM 形貌（pH＝9），(a)～(f) 的合成温度依次为室温、50℃、100℃、120℃、150℃和 200℃。可

以看出室温产物为长 200～300nm、厚 20～30nm 的纳米片［图 4-13(a)］，且纳米片的二维尺寸和厚度均随水热温度升高而增大，与上文 $I(200)$ ∶ $I(111)$ 衍射强度比的变化趋势相吻合。120℃时纳米片的长度和厚度分别达 700～1100nm 和 40～70nm［图 4-13(d)］，而 200℃反应所得 $La(OH)SO_4$ 颗粒为长约 60～100μm 的微米片［图 4-13(f)］。150℃所得产物由微米片和纳米片两种显著不同的颗粒构成［图 4-13(e)］，与其为两相混合物的 XRD 分析结果一致。

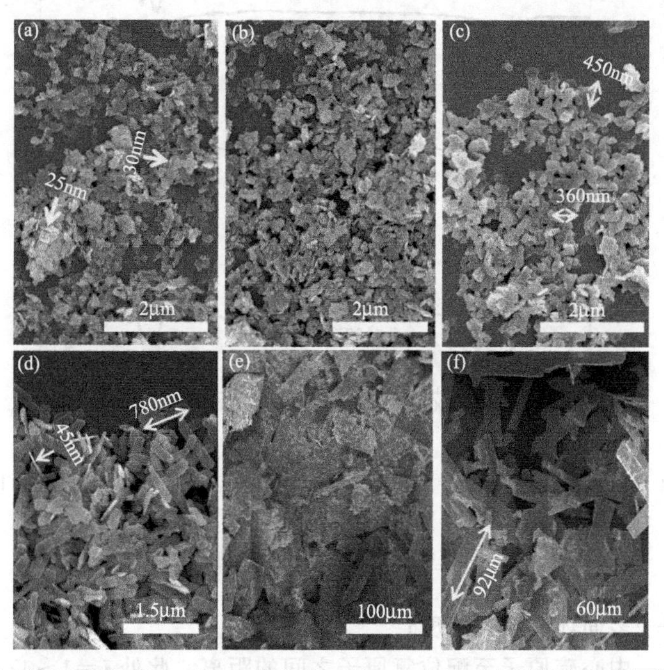

图 4-13　在不同水热温度和 pH＝9 的条件下经 24h 水热反应所得产物的扫描电镜形貌

图 4-14 为 pH＝9 时于不同温度下水热反应 24h 所得产物的 FTIR 图谱。100～120℃的产物为 $La_2(OH)_4SO_4 \cdot nH_2O$（La-241），前文已对其红外行为进行了详细分析（图 4-3）。与 La-241 相比，150℃和 200℃水热产物不再呈现 $3251cm^{-1}$、$765cm^{-1}$ 和 $532cm^{-1}$ 处源于结晶水的振动[64]，说明不含结晶水，与其分别为 $La(OH)SO_4$ 主晶相和纯相 $La(OH)SO_4$ 的 XRD 分析结果一致。200℃反应所得 $La(OH)SO_4$ 呈现硫酸根的 ν_1、ν_2、ν_3、ν_4 振动[64]，但振动行为与 La-241 不同。ν_3 与 ν_4 的劈裂说明 $La(OH)SO_4$ 中的硫酸根同样处于直接配位状态，但与 La-241 相比 ν_3 的振动范围明显变宽（La-241：1250～$1040cm^{-1}$；$La(OH)SO_4$：1310～$1030cm^{-1}$）且 ν_4 更加尖锐。这说明硫酸根在 $La(OH)SO_4$ 中的畸变程度更高。硫酸根四面体的畸变程度（D）可由式(4-1) 计算[71,72]：

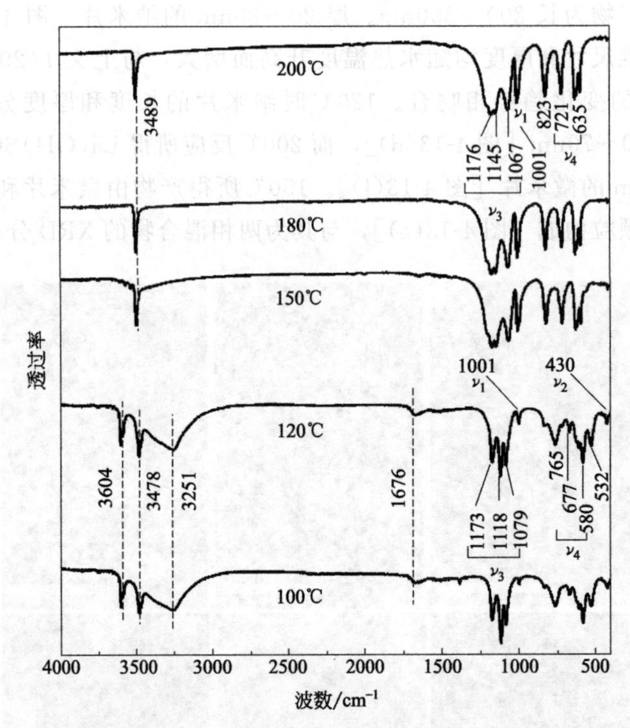

图 4-14　在不同温度和 pH＝9 的条件下经 24h 水热反应所得产物的 FTIR 图谱

$$D=\frac{1}{n}\sum\nolimits_{i=1}^{n}\frac{|l_i-l_{av}|}{l_{av}} \tag{4-1}$$

式中　D——多面体的畸变程度；

l_i——中心硫原子至配位氧原子之间的距离，此处 $i=1\sim4$；

l_{av}——S—O 键的平均键长。

计算结果发现 La-241 中 $D=0.011$，仅为 $La(OH)SO_4$ 中 D 值（0.040）的四分之一。即 $La(OH)SO_4$ 中硫酸根四面体的畸变更为显著。这是因为 S 原子在这两种化合物中占据不同的格位。La-241 中 S 原子的 Wyckoff 位置为 4*i*、点群为 *m*（C_s），而在 $La(OH)SO_4$ 中其 Wyckoff 位置为 4*e*、点群为 1（C_1）。因 $La(OH)SO_4$ 中 S 原子所处格位不含任何对称元素，因而硫酸根的畸变程度明显大于其在 La-241 中的畸变程度。

4.1.6　$RE_2(OH)_4SO_4 \cdot nH_2O$（RE=La-Dy）在空气中的热分解研究

2011 年日本学者 Sasaki[14] 发现 RE-241 在空气中经脱水和脱羟基反应可生成稀土含氧硫酸盐 $RE_2O_2SO_4$，但未研究 $RE_2O_2SO_4$ 在空气中的进一步热分解。此外，La-241 和 Dy-241 的热分解行为报道较少。本小节在较宽温度范围内（室温至 1560℃）描述了 RE-241（RE＝La-Dy，不含 Ce）的热分解过程，所得 TG/DTA 结果见图 4-15。可见热分解过程大致分为三个阶段，其中第一阶段的失重由结晶水脱除引起（室温至 350℃），第二阶段的失重由羟基脱除造成（300～450℃），而第三阶段的失重对应于硫酸根解离（1100℃以上）。整个热分解过程可表述如下：

$$RE_2(OH)_4SO_4 \cdot nH_2O \longrightarrow RE_2(OH)_4SO_4 + nH_2O\uparrow \tag{4-2}$$

$$RE_2(OH)_4SO_4 \longrightarrow RE_2O_2SO_4 + 2H_2O\uparrow \tag{4-3}$$

$$RE_2O_2SO_4 \longrightarrow RE_2O_3 + SO_3\uparrow \tag{4-4}$$

各阶段所对应吸热峰的峰值温度和由第一阶段失重所得结晶水含量 n（约为 2）见表 4-6。此外，由表 4-6 和表 4-7 可知各阶段的理论失重和实际失重吻合良好，进一步印证了上述的热分解过程。

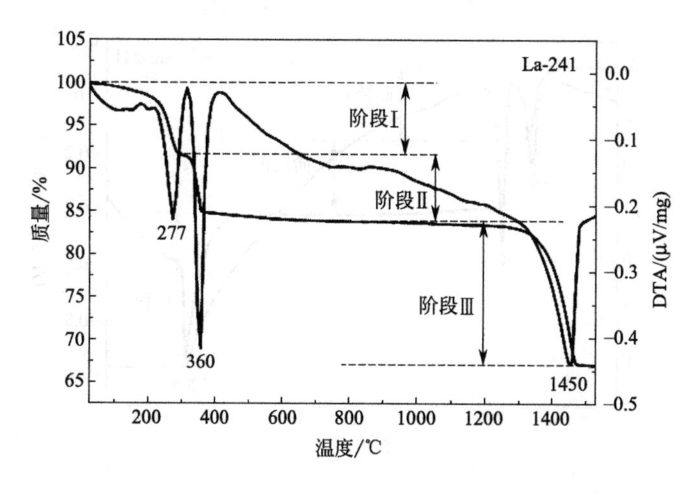

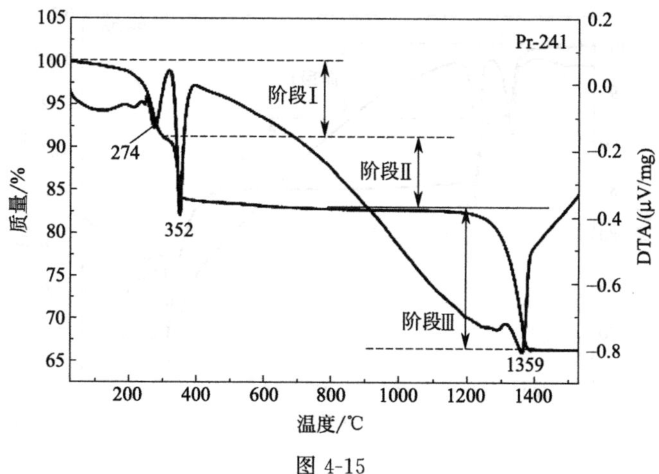

图 4-15

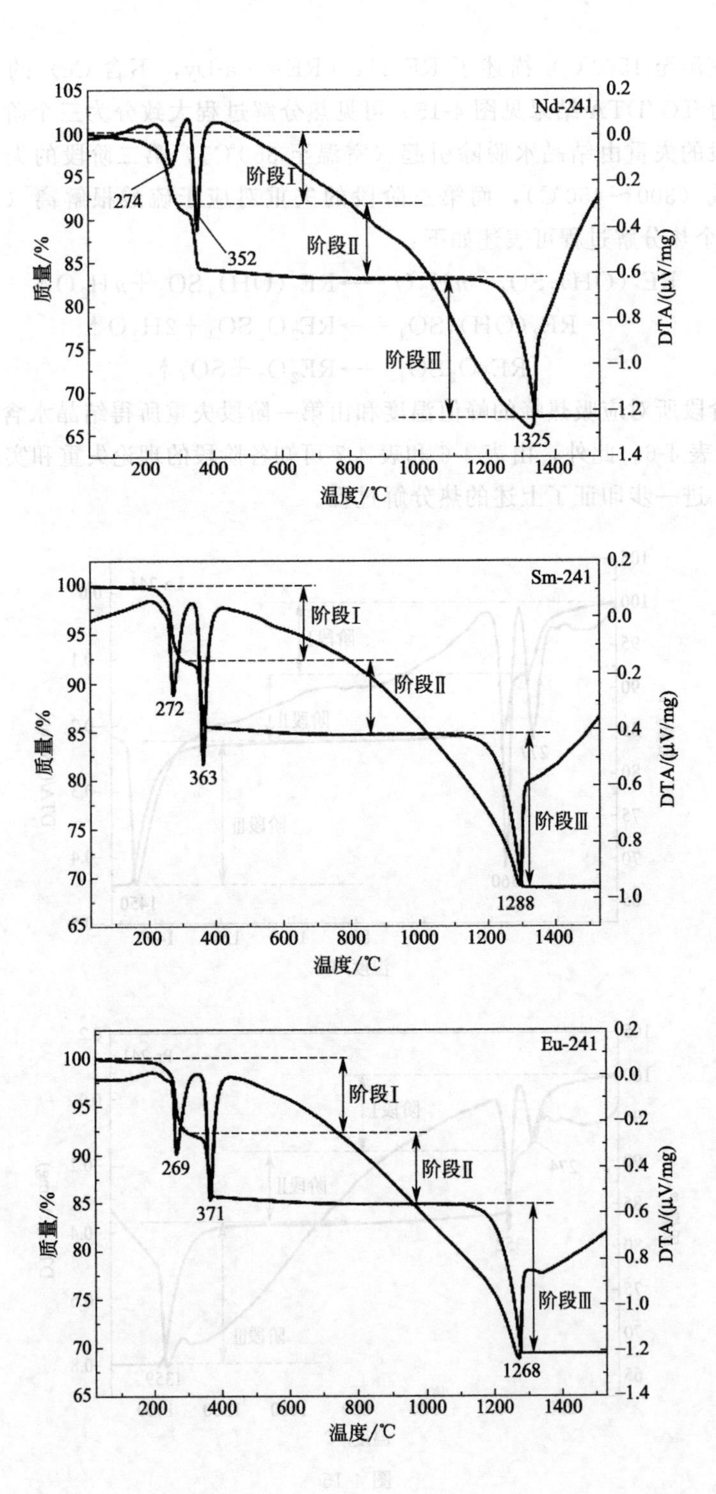

Nd-241
阶段Ⅰ
阶段Ⅱ
阶段Ⅲ
274
352
1325
质量/%
DTA/(μV/mg)
温度/℃
Sm-241
阶段Ⅰ
阶段Ⅱ
阶段Ⅲ
272
363
1288
质量/%
DTA/(μV/mg)
温度/℃
Eu-241
阶段Ⅰ
阶段Ⅱ
阶段Ⅲ
269
371
1268
质量/%
DTA/(μV/mg)
温度/℃

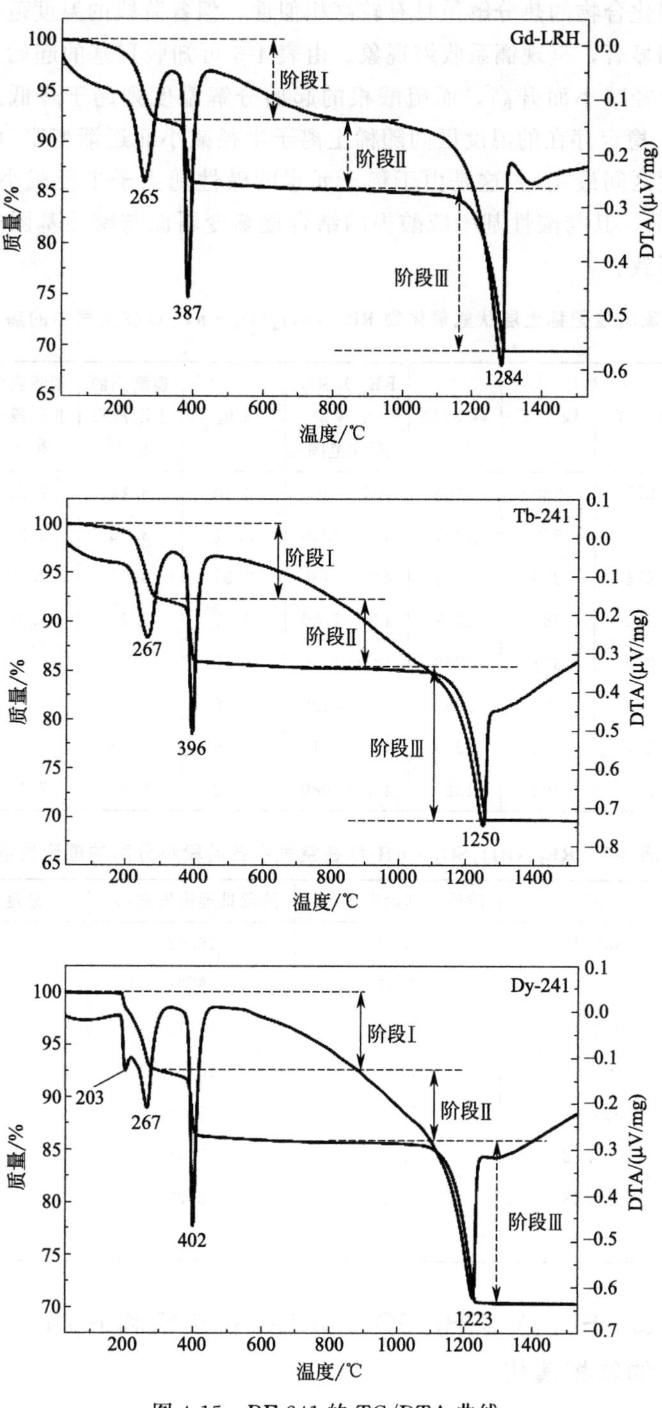

图 4-15　RE-241 的 TG/DTA 曲线

该系列化合物的热分解虽具有较高相似性，但各阶段的温度范围受稀土离子半径影响显著，呈现镧系收缩现象。由表4-6可知脱羟基的起始温度趋于随稀土离子半径减小而升高，而硫酸根的起始分解温度则趋于降低。这就导致$RE_2O_2SO_4$稳定存在的温度区间随稀土离子半径减小而逐渐变窄（$La_2O_2SO_4$的存在温度区间最宽）。这是由于稀土元素的碱性随离子半径减小而由La到Lu逐渐降低，其与酸性基团硫酸根的结合逐渐变弱而与碱性基团羟基的结合逐渐增强所致。

表4-6　硫酸盐型稀土层状氢氧化物$RE_2(OH)_4SO_4 \cdot nH_2O$在空气中的热分解数据

样品	峰1/℃	峰2/℃	峰3/℃	$RE_2O_2SO_4$/℃稳定存在范围	n值	观测到的Ⅰ阶段失重/%	观测到的Ⅱ阶段失重/%	观测到的Ⅲ阶段失重/%
RE＝La	277	360	1450	405～1300	2.20	8.24	7.92	16.78
RE＝Pr	276	352	1359	407～1220	2.37	8.76	8.30	16.47
RE＝Nd	274	353	1325	410～1180	2.31	8.56	7.79	16.14
RE＝Sm	272	363	1288	420～1150	2.17	7.76	7.38	15.78
RE＝Eu	269	371	1268	425～1130	2.16	7.69	7.19	15.64
RE＝Gd	265	387	1284	441～1120	2.16	7.57	7.05	15.96
RE＝Tb	267	396	1250	450～1110	2.15	7.43	7.27	15.59
RE＝Dy	267	402	1223	460～1080	2.02	6.92	7.16	15.42

表4-7　$RE_2(OH)_4SO_4 \cdot nH_2O$在空气中各阶段热分解的理论失重

样品	M	阶段Ⅱ理论失重/%	阶段Ⅲ理论失重/%	总理论失重/%
RE＝La	481.42	7.48	16.62	32.32
RE＝Pr	488.50	7.37	16.38	32.48
RE＝Nd	494.10	7.29	16.19	31.89
RE＝Sm	503.98	7.14	15.87	30.76
RE＝Eu	506.88	7.10	15.78	30.56
RE＝Gd	516.88	6.96	15.48	29.96
RE＝Tb	520.58	6.92	15.37	29.72
RE＝Dy	525.48	6.85	15.22	28.99

4.1.7　$(La_{0.95}Eu_{0.05})_2(OH)_4SO_4 \cdot nH_2O$在空气和$H_2/N_2$气氛中煅烧时的物相演化

使用热重分析仪分析层状化合物的热分解过程时温度均为连续上升，没有保温过程，而实际生产中往往采用的是在某一温度停留一定时间的煅烧方法，因此层状化合物实际的热分解过程与采用热分析仪分析的结果有一定的差别。因此本小节以引用较为广泛的镧的层状化合物 $(La_{0.95}Eu_{0.05})_2(OH)_4SO_4 \cdot nH_2O$ 为例研究了该类层状化合物（LRH）在空气中煅烧时的物相演化，结果如图 4-16 所示，图中星号所示为六方晶 $(La, Eu)_2O_3$。可以看出 200℃煅烧产物与 LRH 的衍射峰仍有良好的对应关系，说明无成分及结构改变。300℃煅烧后 XRD 图谱发生明显变化，而红外分析表明产物为脱结晶水而形成的 $(La_{0.95}Eu_{0.05})_2(OH)_4SO_4$（图 4.5）。为验证这一点，我们合成了不掺杂 Eu^{3+} 的层状化合物 $La_2(OH)_4SO_4 \cdot nH_2O$ 并将其在空气中于 300℃下煅烧，所得产物的 XRD 图谱如图 4-17 所示。以第三章所得 $Gd_2(OH)_4SO_4$ 的结构模型对衍射结果进行了 Rietveld 精修（图 4-17），发现该煅烧产物与 $Gd_2(OH)_4SO_4$ 为同构物质。解析过程的主要参数和结果见表 4-8，所得 $La_2(OH)_4SO_4$ 的主要原子坐标和键长等信息列于表 4-9 及表 4-10。第三章的工作采用水热法对 $RE_2(OH)_4SO_4$ 进行了合成，但尚未得到离子半径大于 Eu^{3+} 的该类化合物。研究发现大半径稀土元素的 $RE_2(OH)_4SO_4$ 物相可通过适度煅烧相应的 $RE_2(OH)_4SO_4 \cdot nH_2O$ 而获得。图 4-16 中 400～1200℃ 的煅烧产物均为

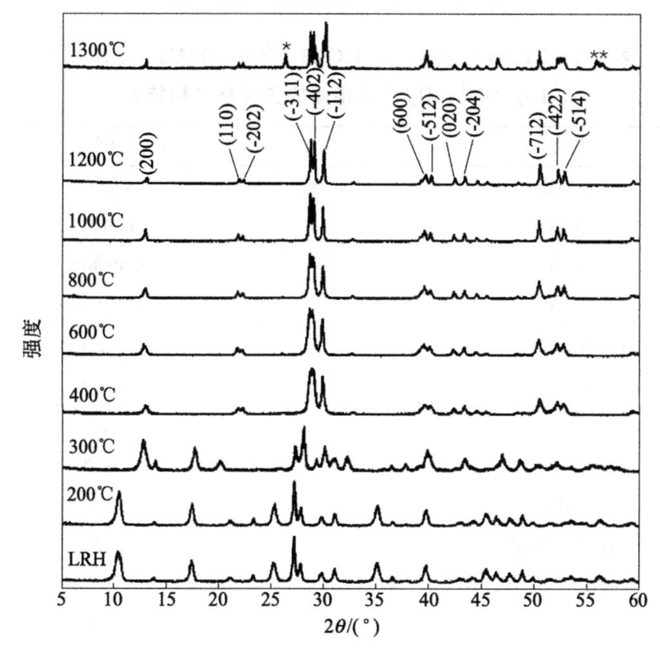

图 4-16　$(La_{0.95}Eu_{0.05})_2(OH)_4SO_4 \cdot nH_2O$ 及其在空气中经不同温度煅烧 1h 所得产物的 XRD 图谱

$(La_{0.95}Eu_{0.05})_2O_2SO_4$，但产物的结晶性随煅烧温度升高而提高（衍射峰更为尖锐）。1300℃煅烧所得产物中存在少量$(La_{0.95}Eu_{0.05})_2O_3$（星号标示），说明已有部分硫酸根发生了分解。由以上结果可知$(La_{0.95}Eu_{0.05})_2O_2SO_4$在空气中稳定存在的温度范围为400～1200℃。

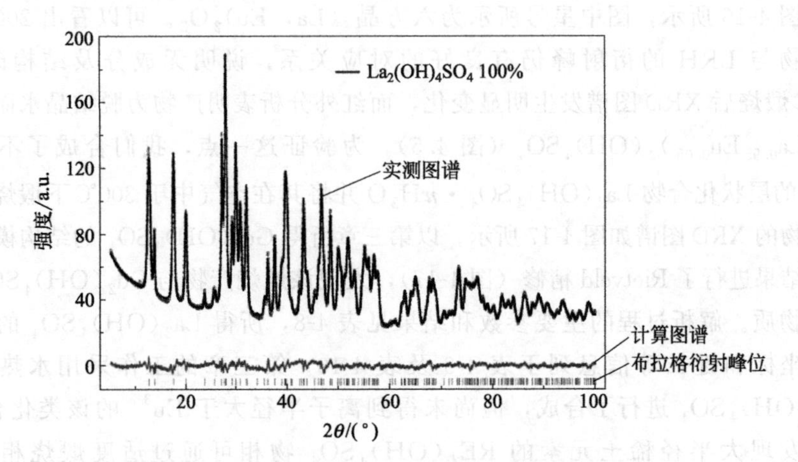

图 4-17 $La_2(OH)_4SO_4 \cdot nH_2O$ 在空气中经 300℃煅烧 1h 所得产物的 Rietveld 精修结果

表 4-8 $La_2(OH)_4SO_4 \cdot nH_2O$ 在空气中 300℃煅烧 1h 所得 $La_2(OH)_4SO_4$ 结构精修的主要参数和结果

样品	$La_2(OH)_4SO_4$
空间群	$C2/m$
a/Å	13.988(1)
b/Å	3.9006(4)
c/Å	6.4525(6)
β/(°)	97.345(2)
V/Å^3	349.17(6)
Z	2
2θ 范围/(°)	5～100
衍射数	213
精修参数数目	53
R_{wp}/%	5.17
R_P/%	4.00
R_{exp}/%	1.94
χ^2	2.66
R_B/%	2.00

表 4-9　$La_2(OH)_4SO_4$ 的原子坐标和热振系数

项目	x	y	z	B_{iso}	Occ.
La	0.19056(6)	0.5	0.2322(1)	0.7(1)	1
S	0.5009(5)	0.5	0.1270(9)	2.7(2)	0.5
O1	0.1673(4)	0	0.4863(8)	1.1(2)	1
O2	0.2894(4)	0	0.1545(9)	2.0(2)	1
O3	0.5866(5)	0.5	0.044(1)	2.0(2)	1
O4	0.5119(6)	0.193(2)	0.741(1)	2.0(3)	0.5

表 4-10　$La_2(OH)_4SO_4$ 的主要键长　单位：Å

键	键长	键	键长
La—O1	2.595(4)	La—O4^{i}	2.956(7)
La—O1^{i}	2.516(5)	S—O3	1.373(9)
La—O2	2.478(3)	S—O3^{iv}	1.540(9)
La—O2^{ii}	2.546(6)	S—O4^{v}	1.493(8)
La—O3^{iii}	2.635(4)		

注：对称符号 (i)$-x+1/2$，$-y+1/2$，$-z+1$；(ii)$-x+1/2$，$-y+1/2$，$-z$；(iii) $x-1/2$，$-y+1/2$，z；(iv)$-x+1$，$-y+1$，$-z$；(v)$-x+1$，$-y+1$，$-z+1$。

$(La_{0.95}Eu_{0.05})_2(OH)_4SO_4 \cdot nH_2O$ 在空气中的物相演化可通过红外分析进一步说明。由图 4-18 可以看出 200℃煅烧产物的红外图谱与前驱体相似，说

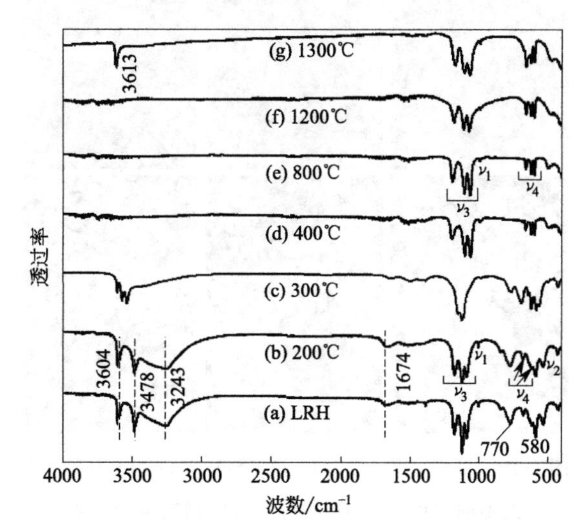

图 4-18　$(La_{0.95}Eu_{0.05})_2(OH)_4SO_4 \cdot nH_2O$ 及其在空气中经不同温度煅烧 1h 所得产物的红外图谱

明无成分变化，与XRD结果一致。300℃煅烧产物的红外图谱与第三章中所分析的无水硫酸盐型层状氢氧化物相似，进一步说明该温度下的煅烧产物为$(La_{0.95}Eu_{0.05})_2(OH)_4SO_4$。400～1200℃煅烧产物的红外图谱相似，且已观察不到$3604cm^{-1}$和$3478cm^{-1}$等处的羟基振动[64]，说明羟基已脱除。硫酸根的ν_1、ν_2、ν_3和ν_4基本振动模式均存在，但与其前驱体相比，ν_3的振动范围从$1205 \sim 1075cm^{-1}$扩展到了$1230 \sim 1030cm^{-1}$且ν_4振动更加尖锐，说明脱水和脱羟基改变了硫酸根的配位环境。1300℃煅烧产物除呈现硫酸根振动外还可观察到位于$3613cm^{-1}$处的羟基振动，这是因为产物中的$(La,Eu)_2O_3$第二相在空气中不稳定，容易吸附水蒸气而形成氢氧化物[73]。

图4-19为$(La_{0.95}Eu_{0.05})_2(OH)_4SO_4 \cdot nH_2O$于空气中经不同温度煅烧1h所得产物的扫描电镜形貌，(a)～(f)的煅烧温度分别为400℃、600℃、800℃、1000℃、1200℃和1300℃。可见400～600℃的煅烧产物仍保持其前驱体的纳米片形貌[图(a)和(b)]，而800℃时部分纳米片因热应力而发生碎裂[图(c)]。1000℃时纳米片碎裂为分散较好的纳米颗粒[100～200nm，图(d)]，而1200℃时出现纳米颗粒发生团聚和长大[350～650nm，图(e)]。经1300℃煅烧后颗粒长大更为显著，达到2～5μm。

图4-19 $(La_{0.95}Eu_{0.05})_2(OH)_4SO_4 \cdot nH_2O$于空气中经不同温度煅烧1h所得产物的扫描电镜形貌

图4-20为$La_2(OH)_4SO_4 \cdot nH_2O$及其在5% H_2/95% N_2（体积分数）混合气氛中煅烧1h所得产物的XRD和FTIR图谱。可以看出300℃时的产物

与空气中同温度下的煅烧产物相同，为 $La_2(OH)_4SO_4$。400℃的煅烧产物为 $La_2(OH)_4SO_4$ 脱羟基而生成的 $La_2O_2SO_4$。800～1200℃的产物为 La_2O_2S。产物的红外和 XRD 结果对应良好。

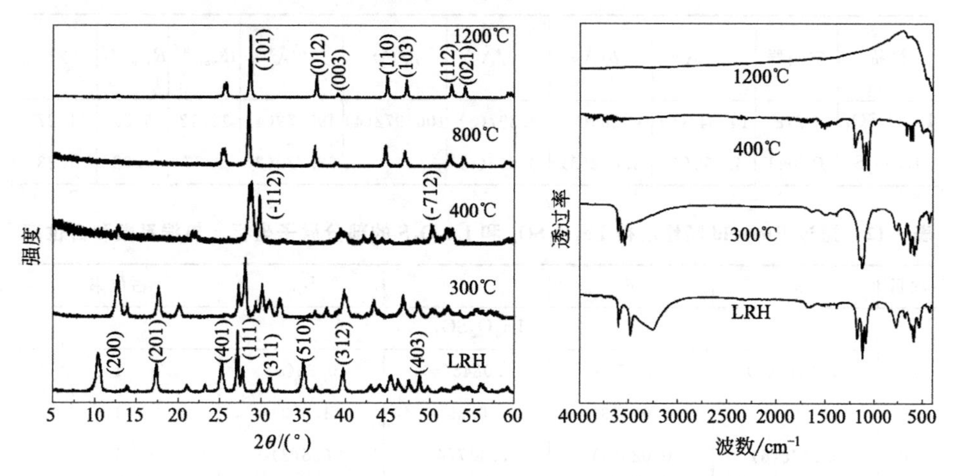

图 4-20　$La_2(OH)_4SO_4 \cdot nH_2O$ 及其于 H_2/N_2 气氛中经不同温度煅烧 1h 所得产物的 XRD（左图）和 FTIR 图谱（右图）

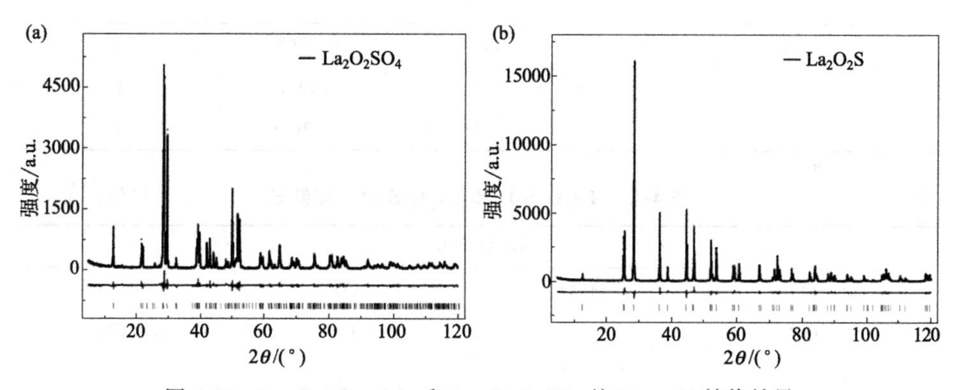

图 4-21　$La_2O_2SO_4$（a）和 La_2O_2S（b）的 Rietveld 精修结果

$La_2O_2SO_4$ 和 La_2O_2S 两类化合物是良好的发光基质材料，因此其结构研究非常重要。1997 年有研究人员通过中子衍射和 X 射线衍射对 $La_2O_2SO_4$ 的晶体结构进行了解析[74]，指出其属单斜晶系，轴线角约为 107°。2007 年 Machida 等人[75] 对 $La_2O_2SO_4$ 和 $Pr_2O_2SO_4$ 进行了结构解析，发现 $Pr_2O_2SO_4$ 同样为单斜晶系。但另有研究人员认为有些稀土含氧硫酸盐为正交晶系[76]。以单斜晶系为结构模型[74] 进行了精修（图 4-21），发现 $La_2O_2SO_4$ 属单斜晶系。我们采用已报道的模型[77] 对 La_2O_2S 的 XRD 结果进行了精修，表明其属于目前普遍认为的六方晶系。精修结果列于表 4-11。$La_2O_2SO_4$ 和 La_2O_2S 的主要原子坐标和键长等信息见表 4-12 及表 4-13。

表 4-11 $La_2O_2SO_4$ 和 La_2O_2S 晶体结构的 XRD 精修结果

样品	空间群	a/Å	b/Å	c/Å	β/(°)	V/Å^3	R_{wp}/%	R_{exp}/%	χ^2
$La_2O_2SO_4$	$C2/c$	14.344(6)	4.286(2)	8.397(3)	106.972(4)	493.79(4)	12.12	9.53	1.27
La_2O_2S	$P\text{-}3m1$	4.052(3)	4.052(3)	6.946(6)	—	98.770(2)	9.77	7.92	1.23

表 4-12 通过 Rietveld 精修所得 $La_2O_2SO_4$ 和 La_2O_2S 的部分原子坐标、热振系数和占位率

项目	x	y	z	B_{iso}	占位率
			$La_2O_2SO_4$		
La	0.16701(6)	0.5027(6)	0.0848(6)	0.36(5)	1
S	0	0.030(3)	0.25	1.6(2)	1
O1	0.2476(6)	0.023(4)	0.117(4)	0.5(2)	1
O2	0.009(1)	0.271(2)	0.107(1)	0.5(2)	1
O3	0.0865(7)	−0.130(2)	0.274(2)	0.5(2)	1
			La_2O_2S		
La	2/3	1/3	0.27930(9)	0.18(3)	1
S	0	0	0	0.49(7)	1
O	2/3	1/3	0.6327(7)	0.2(1)	1

表 4-13 $La_2O_2SO_4$ 和 La_2O_2S 的主要键长 单位：Å

	$La_2O_2SO_4$		
La—O1	2.34(2)	La—O2^{iv}	2.75(1)
La—O1^{i}	2.49(2)	La—O3^{i}	2.72(1)
La—O1^{ii}	2.36(2)	S—O2	1.62(1)
La—O1^{iii}	2.45(3)	S—O3	1.380(9)
La—O2	2.53(1)		
	La_2O_2S		
La—O	2.455(5)	La—O^{i}	2.418(1)

注：对称符号 $La_2O_2SO_4$：(i) x，$y+1$，z；(ii) $-x+1/2$，$-y+1/2$，$-z$；(iii) $-x+1/2$，$y+1/2$，$-z+1/2$；(iv) $-x$，$-y+1$，$-z$，对称符号 La_2O_2S：(i) $-x+1$，$-x+y$，$-z+1$。

图 4-22 详细对比了 $La_2O_2SO_4$ 和 La_2O_2S 的晶体结构。$La_2O_2SO_4$ 属单斜晶系（空间群为 $C2/c$），每个晶胞中有八个稀土离子。每个稀土离子与七个氧

组成七配位多面体 LaO_7，其中三个氧原子来自硫酸根基团［图 4-22(a)］。在该结构中稀土离子所占格位为 C_1，对称性低于六方 La_2O_2S 中的 C_{3v} 格位。La_2O_2S 属于六方晶系（空间群为 $P\text{-}3m1$），每个晶胞中有两个稀土离子［图 4-22(b)］。每个稀土离子与三个硫和四个氧组成七配位多面体，镧和氧所占格位同为 C_{3v}，而硫的格位为 D_{3d}。

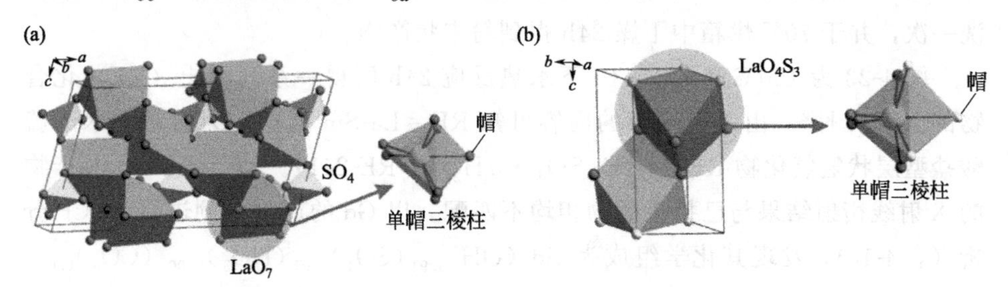

图 4-22　$La_2O_2SO_4$（a）和 La_2O_2S（b）的晶体结构以及以 La 为中心的配位多面体示意图

4.2　无结晶水型硫酸盐型层状氢氧化物

4.2.1　无结晶水型硫酸盐型层状氢氧化物概述

$RE_2(OH)_4SO_4 \cdot nH_2O$（RE-241）是报道较多的硫酸盐型稀土层状氢氧化物，东北大学李继光课题组通过调制水热反应将其由 RE＝Ce-Tb 成功拓展到了 RE＝La-Dy，并详细研究了镧系收缩对成相、产物形貌和相结构的影响。本节详述了采用水热法制备的另一类具有不同结构和化学组成的稀土层状氢氧化物，即 $RE_2(OH)_4SO_4$ 无结晶水型硫酸盐（RE＝Eu-Lu，含 Y）。采用元素分析（ICP）、红外光谱（FTIR）和场发射扫描电镜（FE-SEM）对其化学组成、所含官能团的配位模式和产物形貌进行了系统分析。采用 Rietveld 技术解析了晶体结构，并与 RE-241 的结构特征进行了对比。着重叙述了水热温度和溶液 pH 值对该类新型化合物成相和产物形貌的影响，并对在发光、显示和闪烁等领域具有重要应用价值的 $Gd_2(OH)_4SO_4$ 进行了优化合成。系统详述了 $RE_2(OH)_4SO_4$ 的热分解过程和不同气氛下煅烧时的物相演化，明确了镧系收缩的影响。

4.2.2　无结晶水型硫酸盐型层状氢氧化物 $RE_2(OH)_4SO_4$（RE＝Eu-Lu 及 Y）的水热合成

$RE_2(OH)_4SO_4$ 的合成步骤如下：将粉末状的 RE_2O_3（RE＝Er-Lu）溶于热硝酸形成硝酸盐溶液后配制成 0.1mol/L 的溶液待用。将硝酸盐颗粒

[RE(NO)$_3$·6H$_2$O，RE=La-Ho] 溶于水配制成 0.1mol/L 的溶液。取 0.8g $(NH_4)_2SO_4$ 颗粒（6mmol）溶于 60mL 浓度为 0.1mol/L 的稀土硝酸盐（6mmol）溶液中，搅拌均匀化 15min 后逐滴滴入氨水调节溶液 pH 值至预定值。再经 15min 搅拌后将所得悬浊液转移至 100mL 反应釜内，于烘箱中在预定温度下水热反应 24h。自然冷却至室温后，经蒸馏水离心清洗三次、酒精润洗一次，并于 70℃烘箱中干燥 24h 得到粉末状产物。

图 4-23 为 150℃和 pH=10 下水热反应 24h 所得一系列稀土（RE）化合物的 XRD 图谱。由上一小节的内容可知 RE=La-Sm 时产物为含结晶水的硫酸盐型层状氢氧化物 $RE_2(OH)_4SO_4 \cdot nH_2O$（RE-241）。RE=Eu-Gd 时产物的 X 射线衍射结果与已报道的物相均不匹配。以 Gd 的产物为例进行了 ICP 分析（表 4-14），发现其化学组成为 $Gd_2(OH)_{3.91}(SO_4)_{1.01}(NO_3)_{0.003}(CO_3)_{0.02}$。其中极微量的 NO_3^- 应源于表面吸附，而 CO_3^{2-} 源于碱性反应液（pH=10）所溶解的空气中的 CO_2。后续红外分析（图 4-27）证实其不含结晶水，而 Rietveld 解析表明其为一类具有新型结构的硫酸盐型层状氢氧化物（图 4-24）。

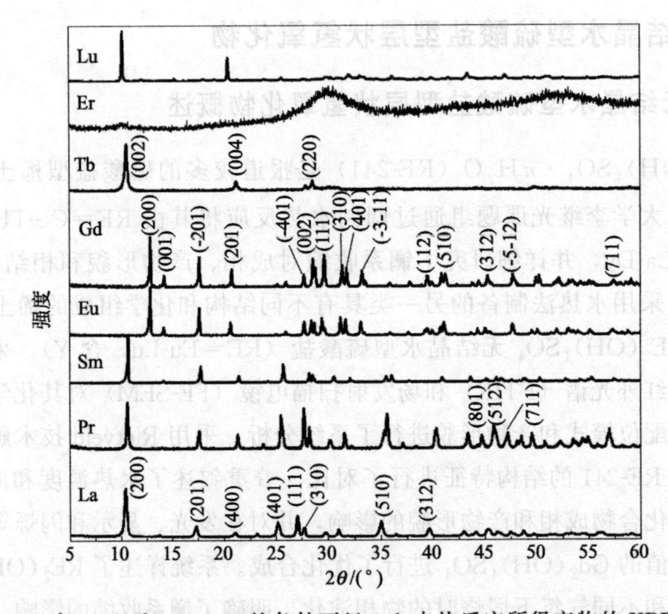

图 4-23　在 150℃和 pH=10 的条件下经 24h 水热反应所得产物的 XRD 图谱

该类化合物的 RE：S（物质的量比）与稀土含氧硫酸盐（$RE_2O_2SO_4$）和稀土硫氧化物（RE_2O_2S）两类重要材料的 RE：S（物质的量比）完全一致，因此可作为制备 $RE_2O_2SO_4$ 和 RE_2O_2S 的前驱体。更重要的是该类化合物的合成丰富了现有硫酸盐型稀土层状氢氧化物家族。由上一小节的描述和文献报

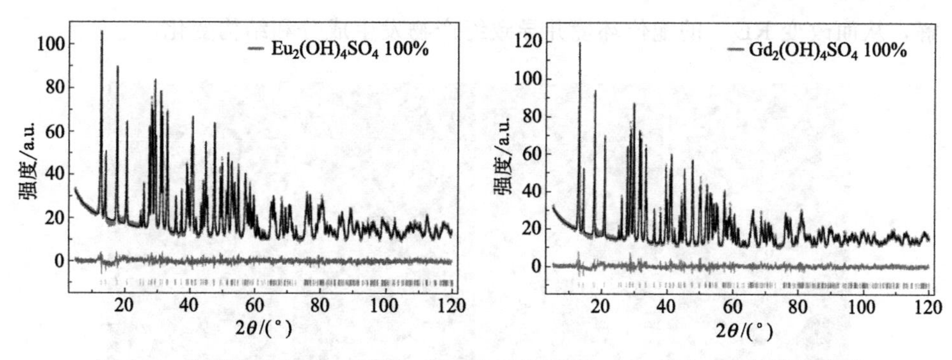

图 4-24　层状化合物 $Eu_2(OH)_4SO_4$ 和 $Gd_2(OH)_4SO_4$ 的 Rietveld 精修结果

道[78] 可知 Tb 的水热产物为 $Tb_2(OH)_5(SO_4)_{0.5} \cdot nH_2O$。Er 的产物为非晶态，与含结晶水型层状化合物的合成类似，Er 在多类型层状化合物的合成过程中容易出现非晶，目前尚不能明确该现象产生的原因。

Lu 水热产物的主衍射峰与 $Tb_2(OH)_5(SO_4)_{0.5} \cdot nH_2O$ 相似，但放大 XRD 图谱后发现存在诸多微弱衍射（图 4-25），表明其可能具有不同的化学组成和/或相结构。元素化学分析表明该产物的组成为 $Lu_2(OH)_{4.95}(SO_4)_{0.38}(NO_3)_{0.14}(CO_3)_{0.08} \cdot 1.04H_2O$，接近于 $Lu_2(OH)_5(SO_4)_{0.5} \cdot H_2O$（表 4-14）。红外分析进一步证明其结构中的硫酸根直接参与配位而非处于游离态（图 4-26）。综合上述结果可以推断，在相同水热条件下稀土离子的半径收缩加剧 RE^{3+} 水

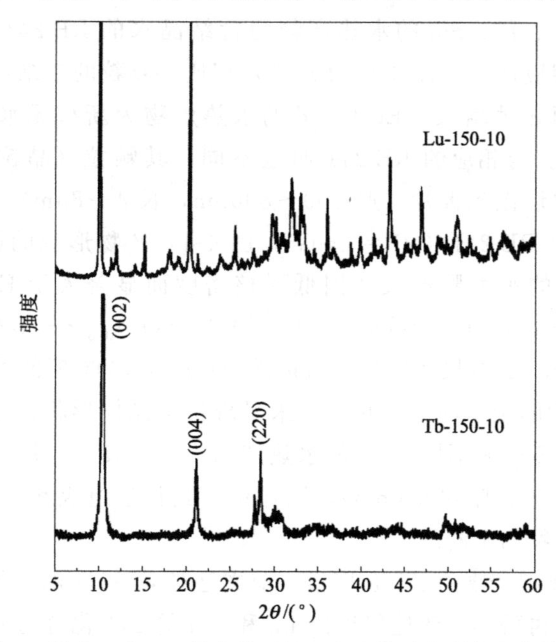

图 4-25　在 150℃和 pH=10 的条件下经 24h 水热反应所得产物的 XRD 图谱

解，从而改变 RE^{3+} 的配位环境并导致终产物发生成分和结构变化。

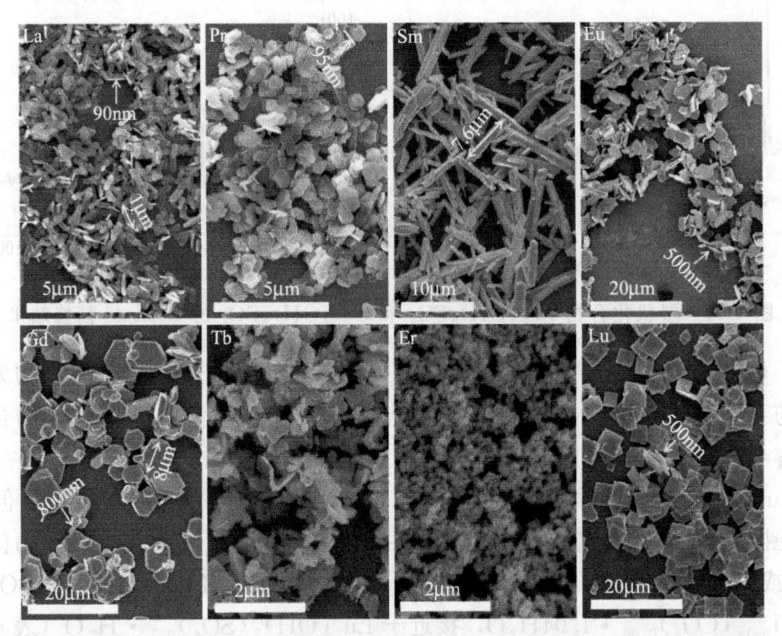

图 4-26　在 150℃和 pH＝10 的条件下经 24h 水热反应所得产物的扫描电镜形貌

图 4-26 为 150℃和 pH＝10 下水热反应 24h 所得一系列稀土化合物的扫描电镜形貌。La、Pr、Sm 的水热产物为含结晶水的 RE-241 相（图 4-23），但与上文中的相应产物（图 4-4，100℃）相比，颗粒的二维尺寸和厚度均因水热温度提高而显著增大。Eu 和 Gd 的水热产物为新型无水层状氢氧化物 $RE_2(OH)_4SO_4$。与相应的 RE-241 明显不同，其颗粒（晶粒）为分散良好且均匀的准六边形微米板片（厚 500～800nm，长 4～8μm）。与上文中所描述的稀土种类对 RE-241（RE＝La-Gd，图 4-4）产物形貌的影响规律相同，$Gd_2(OH)_4SO_4$ 的平均颗粒尺寸因低形核密度而显著大于 $Eu_2(OH)_4SO_4$。150℃下反应所得 Tb 的产物虽仍为 $Tb_2(OH)_5(SO_4)_{0.5}\cdot nH_2O$，但其颗粒主要为厚 60～80nm、二维尺寸达约 1μm 的纳米片而非 100℃时的类球形（图 4-4）。Er 的水热产物为团聚态的纳米颗粒，未呈现特定晶体形状，与其非晶衍射相对应。与其他 RE 显著不同，Lu 的水热产物为分散良好、尺寸均匀的四方薄片（边长达约 6μm、厚约 500nm），同样预示其化学组成和/或晶体结构与其他稀土元素的产物均不同。

图 4-27 为典型产物的 FTIR 图谱。前文已对 RE-241 的红外行为进行了详细分析，此处不再赘述。此处仅给出 La 和 Sm 的 241 化合物的红外图谱以便对比研究。由图可以看出，无水硫酸盐型层状氢氧化物 $RE_2(OH)_4SO_4$（RE＝

Eu、Gd）呈现完全不同的红外响应。一个显著特点是 $3219cm^{-1}$ 处观测不到水分子振动，说明其不含结晶水。位于 $3603cm^{-1}$、$3572cm^{-1}$ 和 $3540cm^{-1}$ 处的红外吸收源于羟基振动[64]，而 $1137cm^{-1}$、$733cm^{-1}$ 和 $588cm^{-1}$ 处的吸收源自 SO_4^{2-}。上述红外结果与化学成分 $RE_2(OH)_4SO_4$ 相呼应。无水化合物中羟基和 SO_4^{2-} 的振动强度和劈裂程度与 RE-241 相比存在明显差异，说明这两种基团的配位方式和畸变程度有所不同。Tb 和 Er 水热产物的红外图谱相似，均可观测到羟基、水分子和硫酸根振动且振动模式与 $RE_2(OH)_5(SO_4)_{0.5} \cdot nH_2O$ 相吻合。此外，Er 的水热产物呈现较强的源自游离硝酸根的振动（$1382cm^{-1}$），这可能是由于该产物呈胶状，难以通过清洗彻底去除副产物 NH_4NO_3 所致。Lu 的水热产物呈现明显的源自羟基、水分子和硫酸根的振动，与 ICP 分析所得组成 $Lu_2(OH)_{4.95}(SO_4)_{0.38}(NO_3)_{0.14}(CO_3)_{0.08} \cdot 1.04H_2O$ 相呼应（表 4-14）。此外，硫酸根的 ν_3 振动发生较强劈裂，说明其在该结构中参与直接配位而非处于游离态。

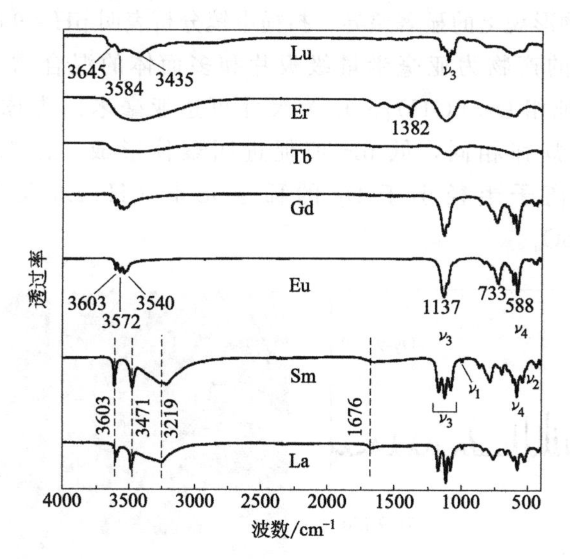

图 4-27　在 150℃和 pH=10 的条件下经 24h 水热反应所得产物的红外图谱

表 4-14　典型水热产物的化学分析结果及相应化学式

分析元素/%					化学式
RE		S	N	C	
La	57.1	6.7	0.03	0.15	$La_2(OH)_{3.93}(SO_4)_{1.05}(NO_3)_{0.01}(CO_3)_{0.07} \cdot 2.39H_2O$
Gd	66.6	6.9	0.01	0.06	$Gd_2(OH)_{3.91}(SO_4)_{1.01}(NO_3)_{0.003}(CO_3)_{0.02}$
Lu	69.6	2.4	0.40	0.20	$Lu_2(OH)_{4.95}(SO_4)_{0.38}(NO_3)_{0.14}(CO_3)_{0.08} \cdot 1.04H_2O$

由以上分析可知，水热条件为150℃和pH=10时Eu和Gd的产物为一类新型化合物$RE_2(OH)_4SO_4$（SO_4^{2-}：RE^{3+}=1：2），而离子半径较小的Tb的产物为$Tb_2(OH)_5(SO_4)_{0.5}\cdot nH_2O$（$SO_4^{2-}$：$Tb^{3+}$=1：4）。这是因为稀土离子的水解程度随半径减小而增大，造成产物的OH^-：RE^{3+}（物质的量比）增大、SO_4^{2-}：RE^{3+}（物质的量比）降低。基于上述原因，降低反应体系的pH值将利于合成小半径稀土元素的$RE_2(OH)_4SO_4$化合物。图4-28为pH=9时Tb和Dy的水热产物的XRD图谱和扫描电镜形貌。可知Tb产物的XRD图谱与图4-23中pH=10时Eu和Gd产物的衍射结果相吻合，说明$Tb_2(OH)_4SO_4$已形成，上述思路正确。Dy水热产物的大部分衍射峰与$Tb_2(OH)_4SO_4$对应良好，但2θ=10°左右存在一个较强的杂峰（星号标示），说明尚存在杂质相。为此，进一步降低pH值至8对Dy的化合物进行了合成并成功获得了纯相$Dy_2(OH)_4SO_4$（图4-28）。值得注意的是该产物各衍射峰的相对强度与纯相$Tb_2(OH)_4SO_4$和pH=9时的$Dy_2(OH)_4SO_4$主晶相（图4-28）均显著不同。其原因在于产物形貌上的显著差异。扫描电镜分析表明pH=9时Tb的产物为微米板片、Dy的产物为亚毫米量级板片和多面体的混合物（图4-28），而pH=8时所得纯相$Dy_2(OH)_4SO_4$为尺寸可达亚毫米的类球形团聚体（图4-29）。与前述规律相同，低pH值促进团聚体形成。在150℃和pH=8的水热条件下离子半径小于Dy的稀土元素（Ho-Lu及Y）尚不能形成$RE_2(OH)_4SO_4$。

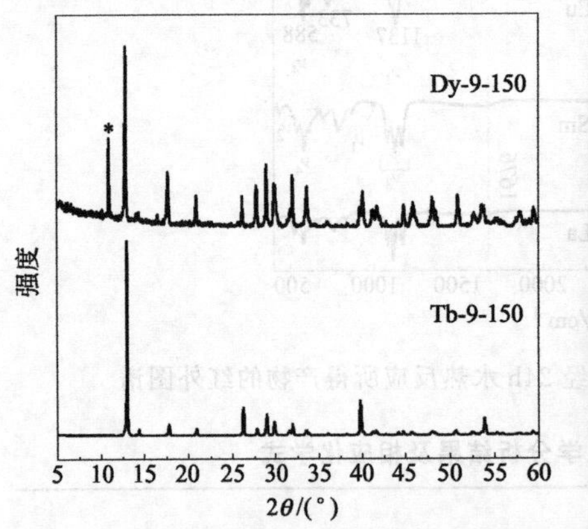

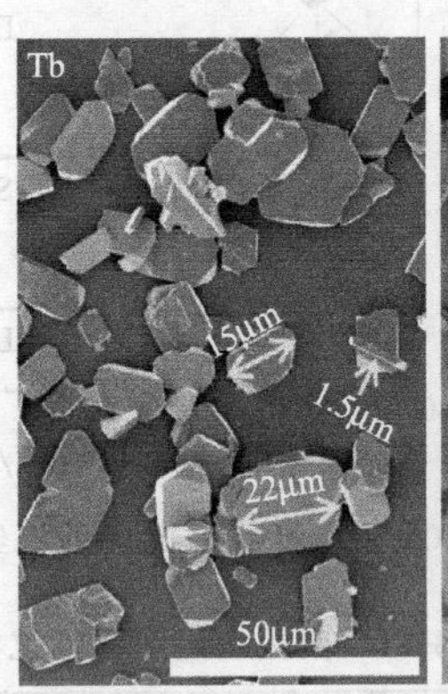

图4-28　在150℃和pH=9的条件下经24h水热反应所得产物的XRD图谱和扫描电镜形貌

进一步降低pH=7（所能采用的最低pH值），对上述小半径稀土元素（RE=Ho-Lu及Y）的化合物进行了150℃水热合成，产物的X射线衍射

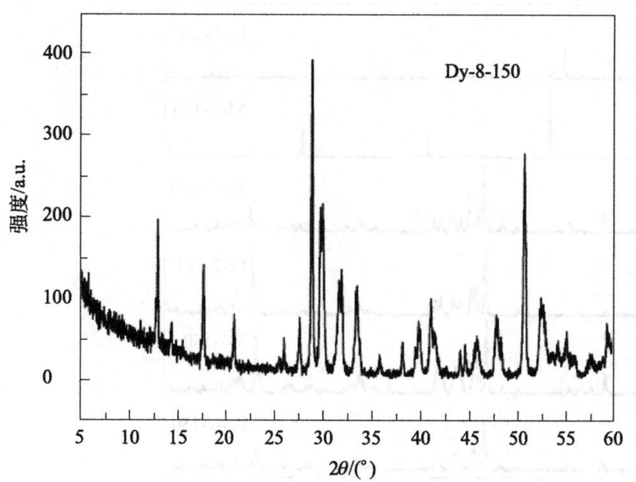

图 4-29 在 150℃和 pH=8 的条件下经 24h 水热反应所得产物的 XRD 图谱和扫描电镜形貌

结果如图 4-30 所示。以 $Dy_2(OH)_4SO_4$ 为参照，可知 Ho、Y 和 Er 的产物已为纯相 $RE_2(OH)_4SO_4$。Tm 的产物为含有少量杂相（星号标示）的 $RE_2(OH)_4SO_4$，而 Yb 和 Lu 的水热产物尚不能与目前已报道的物相或相关标准衍射卡匹配，为未知物相。以 Y 的化合物为例进行了 ICP 分析，发现其化学组成近似为 $Y_2(OH)_4SO_4$（表 4-15）。需要指出的是，Gd 在该水热条件下的产物近乎为纯相 $Gd(OH)SO_4$（图 4-39）而非 $Gd_2(OH)_4SO_4$（150℃，pH=8～10）或 $Gd_2(OH)_4SO_4 \cdot nH_2O$（100℃，pH=7～9）。因此，稀土元素种类（离子半径）显著影响某一特定物相的合成条件，显示出镧系收缩在相选择合成中的重要性。

表 4-15 Y 的水热产物的化学分析结果和计算所得化学式

分析元素/%				化学式
Y	S	N	C	
52.3	9.7	0.01	0.06	$Y_2(OH)_{3.918}(SO_4)_{1.03}(NO_3)_{0.002}(CO_3)_{0.01}$

图 4-31 为 pH=7 时 Ho-Lu 及 Y 的水热产物的扫描电镜形貌。可见 Ho、Er 和 Y 的产物［$RE_2(OH)_4SO_4$］以尺寸可达亚毫米的团聚球体为主。Tm 的产物也以团聚球体为主，但含有不规则形状的颗粒和少量微米板片。Yb 的水热产物以尺寸达约 200μm 的板片为主，而 Lu 的产物为形状不规则、尺寸达约 20μm 的团聚体。

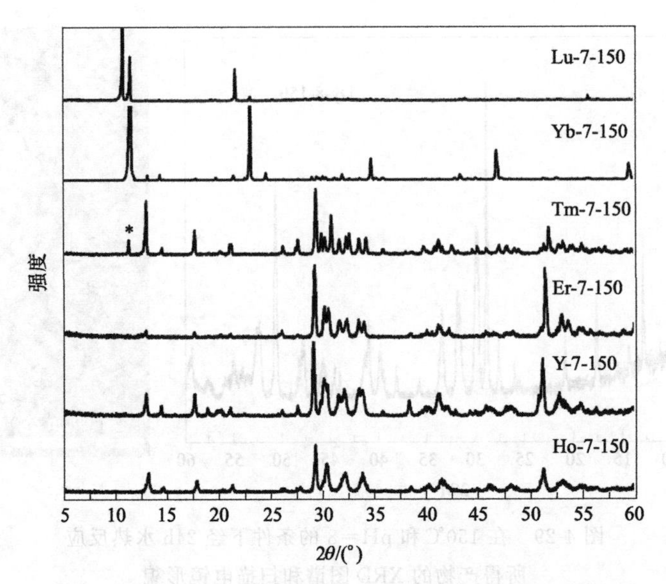

图 4-30 在 150℃和 pH＝7 的条件下经 24h 水热反应所得产物的 XRD 图谱

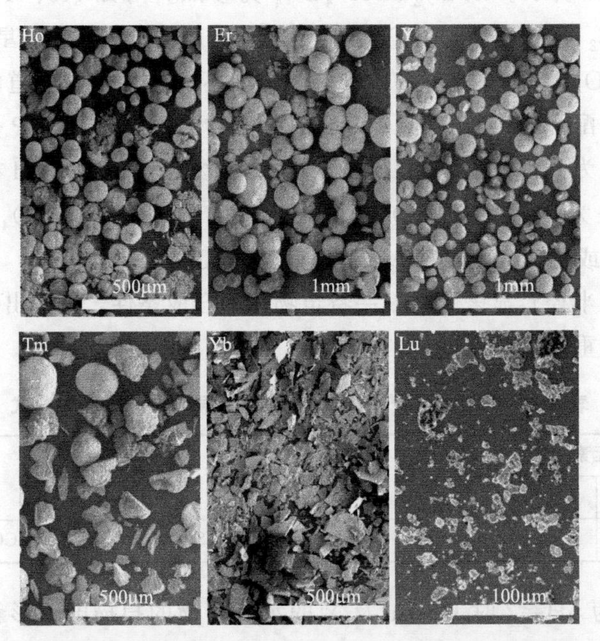

图 4-31 在 150℃和 pH＝7 的条件下经 24h 水热反应所得产物的扫描电镜形貌（RE＝Ho-Lu 及 Y）

第二章的研究结果表明高温水热反应易于制备不含结晶水的层状化合物，

而图4-31的结果表明在pH=7和150℃下尚难以合成小离子半径稀土元素Tm、Yb和Lu的纯相无水硫酸盐层状氢氧化物。因此，在pH=7下提高反应温度至180℃对上述3种元素的化合物进行了合成。由图4-32可知，Yb和Tm的产物已可看作纯相$RE_2(OH)_4SO_4$，说明高温水热确实利于目标物相结晶。因此，在更高温度（200℃）下对Lu的无水硫酸盐层状氢氧化物进行了合成并得到了纯相$Lu_2(OH)_4SO_4$（图4-34），其化学组成也被ICP分析结果所证实（表4-16）。

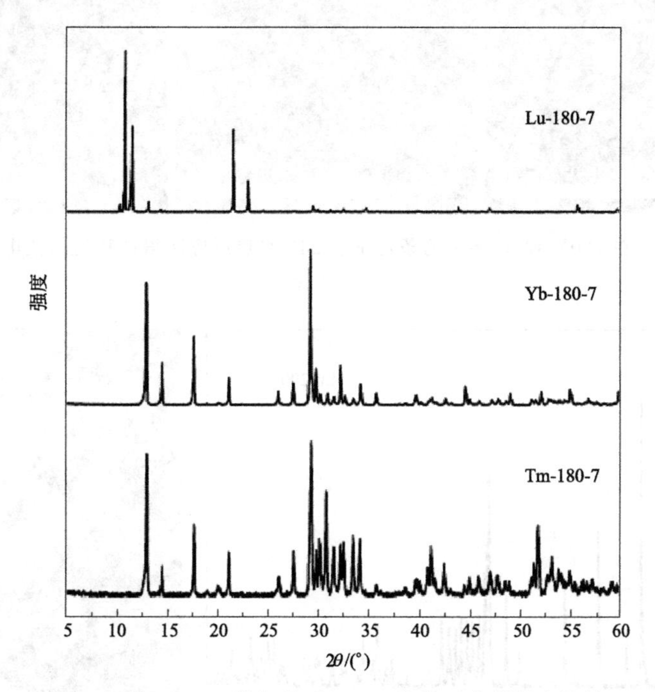

图4-32 在180℃和pH=7的条件下经24h水热反应所得产物的XRD图谱

扫描电镜形貌分析（图4-33）表明，180℃反应所得$Tm_2(OH)_4SO_4$以团聚球体为主形貌（尺寸达约150μm），$Yb_2(OH)_4SO_4$为不规则形貌的团聚体（尺寸达约250μm），而Lu的未知化合物为板片状（尺寸达约250μm）。200℃反应所得纯相$Lu_2(OH)_4SO_4$以尺寸约200μm的哑铃状颗粒为主，如图4-34所示。

表4-16 Lu水热产物的化学分析结果和化学式

分析元素/%				化学式
Lu	S	N	C	
68.5	6.5	0.01	0.04	$Lu_2(OH)_{3.92}(SO_4)_{1.03}(NO_3)_{0.003}(CO_3)_{0.01}$

图 4-33　在 180℃和 pH=7 的条件下经 24h 水热反应所得产物的扫描电镜形貌

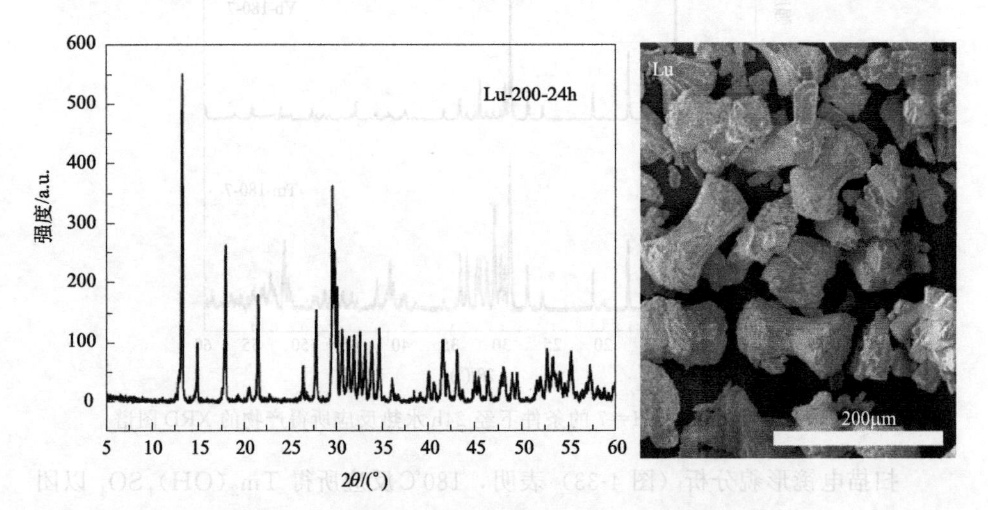

图 4-34　在 200℃和 pH=7 的条件下经 24h 水热反应所得 $Lu_2(OH)_4SO_4$ 的 XRD 图谱和扫描电镜形貌

4.2.3　无结晶水型硫酸盐型层状氢氧化物 $RE_2(OH)_4SO_4$（RE=Eu 及 Tb）的光致发光

稀土离子的发光行为随其所处晶体场而变化，因此可作为探针研究未知结构[79,80]。图 4-35(a) 为 $Eu_2(OH)_4SO_4$ 的激发和发射光谱。监测 617nm 红色发光所得激发光谱由一系列尖锐的激发峰组成，归属于 Eu^{3+} 的 $4f^6$ 电子跃迁。其中 395nm 处的激发峰最强，源自 Eu^{3+} 的 $^7F_{0,1}\rightarrow{}^5L_6$ 跃迁[81]。在 395nm 激发下，Eu^{3+} 呈现出典型的 $^5D_0\rightarrow{}^7F_J$（$J=1\sim4$）发光跃迁，其中主发射峰位于 617nm 处，对应于 Eu^{3+} 的 $^5D_0\rightarrow{}^7F_2$ 跃迁[82]。上述结果说明 Eu^{3+} 在该化合物中处于低对称格位。$Eu_2(OH)_4SO_4$ 和 $Eu_2(OH)_4SO_4\cdot nH_2O$ 的主发射均为 $^5D_0\rightarrow{}^7F_2$，但前者的 $I(^5D_0\rightarrow{}^7F_2):I(^5D_0\rightarrow{}^7F_1)$（发射强度比）为 1.56 而后者为 2.70，其原因是两种晶格中 Eu^{3+} 所占格位不同[83,84] 或两种粉体颗粒形貌不同，导致暴露于颗粒/晶粒表面的 Eu^{3+} 数量不同（暴露于表面的 Eu^{3+} 不具有反演对称中心）。

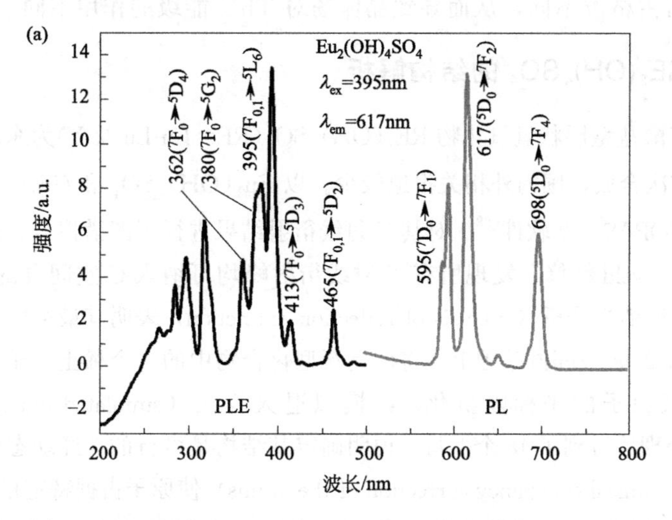

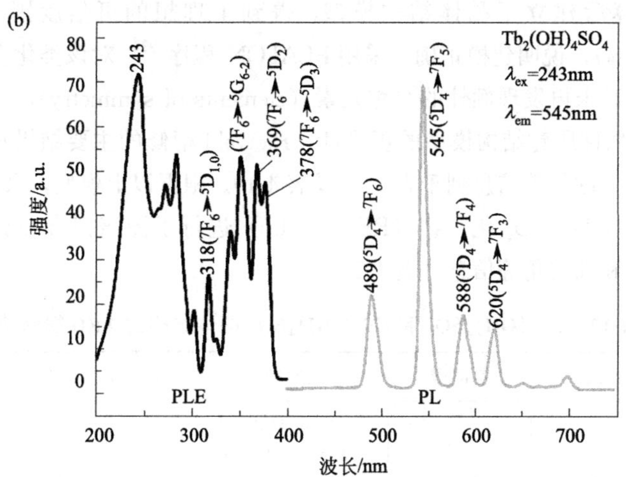

图 4-35 $Eu_2(OH)_4SO_4$ (a) 和 $Tb_2(OH)_4SO_4$ (b) 的激发光谱（左侧）和发射光谱（右侧）

图 4-35(b) 为 $Tb_2(OH)_4SO_4$ 的激发和发射光谱。监测 545nm 绿色发光所得激发光谱由一系列尖锐的激发峰组成。其中位于短波段（200～300nm）的一组激发峰归属于 Tb^{3+} 的 $4f^8 \rightarrow 4f^7 5d^1$ 壳层间电子跃迁[85,86]，而长波段的尖锐激发峰对应于 Tb^{3+} $4f^8$ 壳层内的电子跃迁[87]。与含结晶水的 $Tb_2(OH)_4SO_4 \cdot nH_2O$ 相比，源自 $4f^8$ 组态内电子跃迁的激发峰的峰位和峰型均没有发生明显变化，但 $4f^8 \rightarrow 4f^7 5d^1$ 跃迁的峰型明显不同。即 Tb^{3+} 在 $Tb_2(OH)_4SO_4$ 中的 $4f^8 \rightarrow 4f^7 5d^1$ 跃迁明显劈裂为两组尖锐的激发峰，分别对应于 Tb^{3+} 的高自旋态（HS）和低自旋态（LS）。这是因为 Tb^{3+} 在该两种化合物中所占格位不同，从而导致晶体场对 Tb^{3+} 能级的作用不同。

4.2.4 $RE_2(OH)_4SO_4$ 的结构解析

无水硫酸盐型层状氢氧化物 $RE_2(OH)_4SO_4$(RE=Eu-Lu 及 Y)为东北大学李继光课题组首次合成，国内外相关报道较少。以 $Eu_2(OH)_4SO_4$ 和 $Gd_2(OH)_4SO_4$ 为例，采用 TOPAS 4.2 软件[88] 对其 X 射线衍射结果进行了图谱拟合、晶体结构匹配检索和 Rietveld 精修，发现所有 X 射线衍射峰均可纳入 C 空间群的单斜晶系。进一步的衍射消光分析（analysis of reflection extinction）表明其最可能的空间群为 $C2/m$。在 $C2/m$ 空间群基础上，将该类新型化合物中的一个稀土原子、一个硫原子和四个氧原子的坐标随机化，经模拟退火算法（simulated annealing procedure）[89] 处理后得到了 18 个变量，说明确定其结构是可行的。经动态原子占位校正处理（dynamical occupancy correction of the atoms）使原子占据特定格位[90,91] 并经一系列计算后建立了晶体结构模型，得到了理想的可信度因子（R 因子，2.41%～9.31%），说明建模正确。采用 PLATON 程序[92] 对该类化合物的进一步晶体结构分析，未再发现额外的对称元素（elements of symmetry），进一步证明了采用 TOPAS 软件所建结构模型的正确性。Rietveld 精修的主要结果见表 4-17，而原子坐标和主要键长等信息列于表 4-18 及表 4-19。根据以上模型，采用 TOPAS 软件对其他 $RE_2(OH)_4SO_4$ 化合物（RE=Tb-Lu）进行了图谱拟合并获得了晶格参数、晶胞体积和轴线角等信息（表 4-20）。

表 4-17 $Eu_2(OH)_4SO_4$ 和 $Gd_2(OH)_4SO_4$ 晶体结构的 XRD 精修结果

RE	样品	空间群	晶胞参数	R_{wp},R_P/%χ^2	R_B/%
Eu	$Eu_2(OH)_4SO_4$	$C2/m$	a=13.8749(4) b=3.6844(1) c=6.2982(2) β=98.784(1) V=318.20(2)	7.90,6.18, 1.75	2.41

续表

RE	样品	空间群	晶胞参数	R_{wp},R_P/%χ^2	R_B/%
Gd	$Gd_2(OH)_4SO_4$	$C2/m$	a=13.8759(5) b=3.6577(1) c=6.2842(2) β=99.057(1) V=314.97(2)	9.31,4.70, 1.98	2.95

表 4-18　$RE_2(OH)_4SO_4$ 的原子坐标和热振系数

项目	x	y	z	B_{iso}	Occ.
			$Eu_2(OH)_4SO_4$		
Eu	0.19432(5)	0.5	0.2306(1)	0.90(5)	1
S	0.4987(5)	0.5	0.1299(8)	1.5(1)	0.5
O1	0.1709(4)	0	0.481(1)	2.0(2)	1
O2	0.2921(4)	0	0.150(1)	2.0(2)	1
O3	0.5890(4)	0.5	0.045(1)	2.0(2)	1
O4	0.5000(6)	0.169(2)	0.732(1)	2.0(3)	0.5
			$Gd_2(OH)_4SO_4$		
Gd	0.19468(7)	0.5	0.2303(2)	0.95(8)	1
S	0.5006(7)	0.5	0.131(1)	1.5(2)	0.5
O1	0.1690(6)	0	0.480(2)	2.0(3)	1
O2	0.2938(6)	0	0.152(1)	2.0(3)	1
O3	0.5869(7)	0.5	0.049(2)	3.3(3)	1
O4	0.5021(7)	0.188(3)	0.723(1)	2.3(3)	0.5

表 4-19　$RE_2(OH)_4SO_4$ 的主要键长　　单位：Å

	$Eu_2(OH)_4SO_4$		
Eu—O1	2.478(4)	Eu—O4[i]	2.811(7)
Eu—O1[i]	2.401(6)	S—O3	1.436(8)
Eu—O2	2.388(3)	S—O3[iv]	1.510(9)
Eu—O2[ii]	2.434(6)	S—O4[v]	1.498(8)
Eu—O3[iii]	2.526(4)		
	$Gd_2(OH)_4SO_4$		
Gd—O1	2.472(6)	Gd—O4[i]	2.875(9)
Gd—O1[i]	2.411(8)	S—O3	1.38(1)
Gd—O2	2.386(5)	S—O3[iv]	1.52(1)
Gd—O2[ii]	2.431(9)	S—O4[v]	1.47(1)
Gd—O3[iii]	2.520(6)		

注：对称符号：(ⅰ)$-x+1/2$，$-y+1/2$，$-z+1$；(ⅱ)$-x+1/2$，$-y+1/2$，$-z$；(ⅲ)$x-1/2$，$-y+1/2$，z；(ⅳ)$-x+1$，$-y+1$，$-z$；(ⅴ)$-x+1$，$-y+1$，$-z+1$。

表 4-20　$RE_2(OH)_4SO_4$ 的晶格参数及轴线角

样品	a/Å	b/Å	c/Å	β/(°)	V/Å³
$Eu_2(OH)_4SO_4$	13.87490	3.68440	6.29820	98.78400	318.20000
$Gd_2(OH)_4SO_4$	13.87590	3.65770	6.28420	99.05700	314.97000
$Tb_2(OH)_4SO_4$	13.86960	3.63654	6.26717	99.21681	312.01841
$Dy_2(OH)_4SO_4$	13.85400	3.59850	6.24740	99.50800	307.18000
$Ho_2(OH)_4SO_4$	13.85798	3.57596	6.22628	99.76985	304.06980
$Y_2(OH)_4SO_4$	13.85391	3.57023	6.23215	99.80889	303.74580
$Er_2(OH)_4SO_4$	13.86804	3.55301	6.21908	100.07411	301.71013
$Tm_2(OH)_4SO_4$	13.85185	3.58681	6.18660	100.24855	302.47120
$Yb_2(OH)_4SO_4$	13.84170	3.56691	6.18618	100.31319	300.49030
$Lu_2(OH)_4SO_4$	13.84120	3.52557	6.24967	99.961990	300.37399

图 4-36 为上述结构参数随稀土离子半径的变化趋势。可知，晶格参数和晶胞体积倾向于随稀土离子半径减小而减小，而轴线角趋于增大。根据 Rietveld 解析结果对 $Gd_2(OH)_4SO_4$ 的各衍射峰进行了指数化，结果见图 4-37。

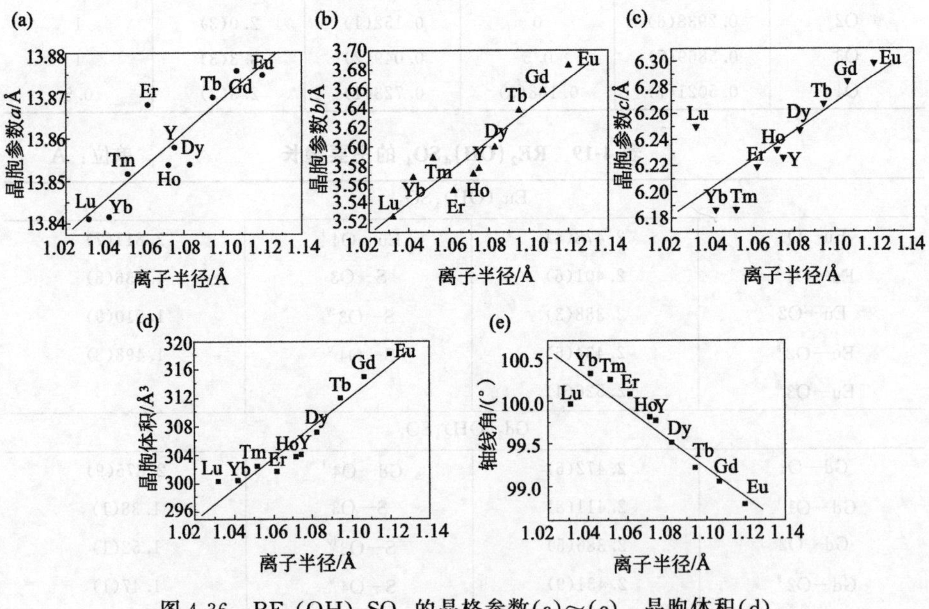

图 4-36　$RE_2(OH)_4SO_4$ 的晶格参数(a)～(c)、晶胞体积(d)及轴线角(e) 随稀土离子半径的变化（RE＝Eu-Lu 及 Y）

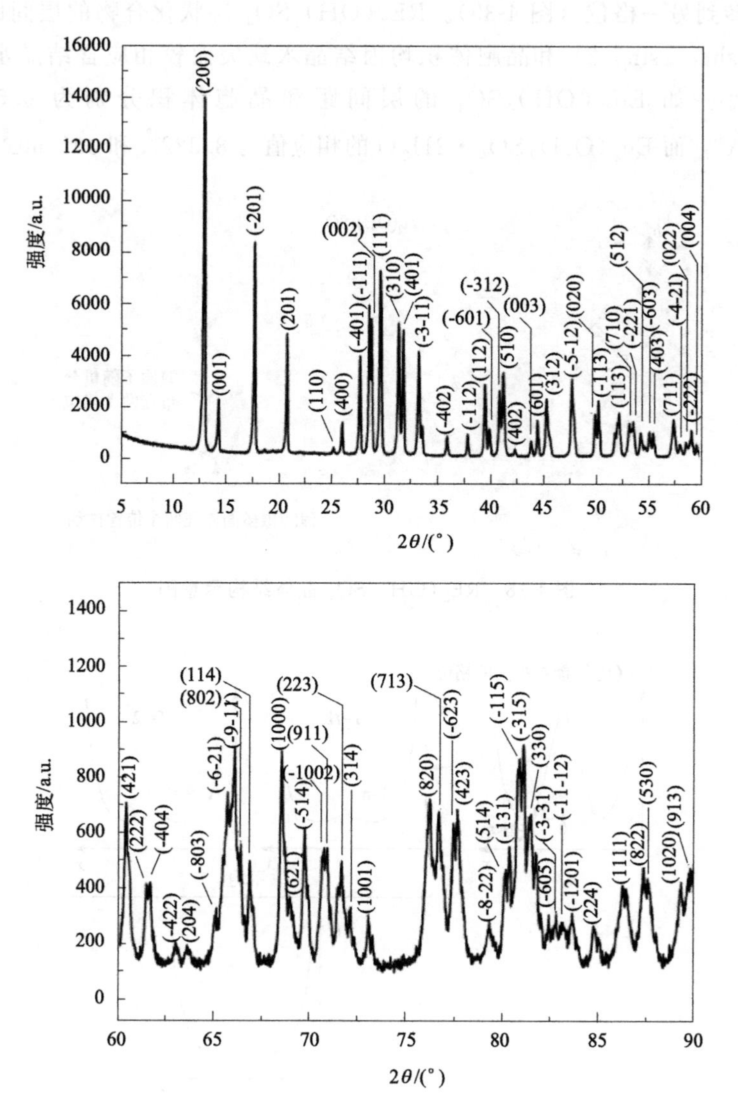

图 4-37 $Gd_2(OH)_4SO_4$ 的 XRD 图谱及衍射峰指数化结果（λ=0.15406nm）

图 4-38 为 $RE_2(OH)_4SO_4$ 的晶体结构示意图，Rietveld 解析结果表明 $RE_2(OH)_4SO_4$ 属单斜晶系（空间群为 $C2/m$；轴线角 β = 98.784°～100.313°），每个晶胞含 4 个稀土原子，其结构式为 $RE_4(OH)_8(SO_4)_2$。图 4-38 中黑色圆圈内的两个球体表示一个氧原子分布在两个位置且每个位置的平均占有率为 50%。发生上述现象的原因是这两个位置的势能（potential energy）相同且之间的势垒（potential barrier）很小，因此氧原子可轻易地从一个

格位跳转到另一格位（图 4-39）。$RE_2(OH)_4SO_4$ 层状化合物的层间距（gallery height，$a\sin\beta/2$）和晶胞体积均因结晶水缺失而较相应含结晶水的 RE-241 为小。如 $Eu_2(OH)_4SO_4$ 的层间距和晶胞体积分别为 6.586Å 和 318.20$Å^3$，而 $Eu_2(OH)_4SO_4 \cdot 2H_2O$ 的相应值为 8.322Å 和 391.60$Å^3$。

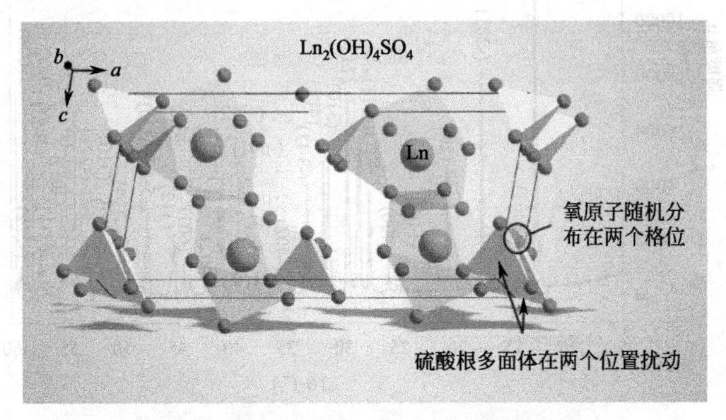

图 4-38 $RE_2(OH)_4SO_4$ 晶体结构示意图

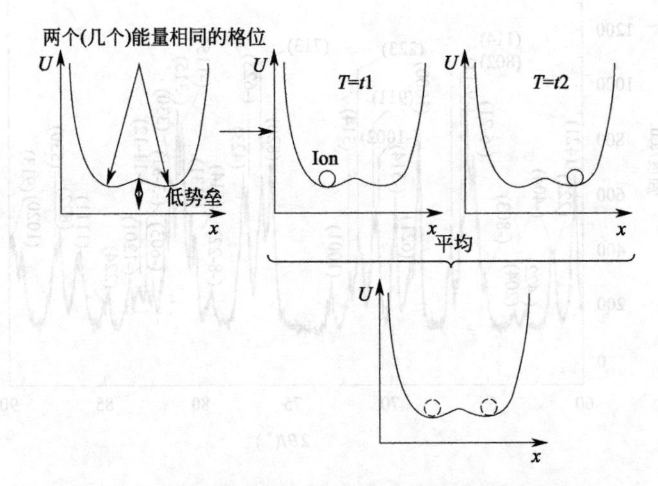

图 4-39 氧原子（O）随机分布于两个格位的示意图

$RE_2(OH)_4SO_4$ 可视为由相应的 $RE_2(OH)_4SO_4 \cdot nH_2O$(RE-241)失去两个结晶水转换而来。RE-241 结构中的结晶水与稀土离子配位，因此结晶水的丢失改变了层状化合物的晶体结构。在 $RE_2(OH)_4SO_4$ 结构中，所缺失的结晶水的格位由硫酸根中的氧原子填补，但氧与 RE^{3+} 依旧形成九配位多面体 REO_9。该配位多面体为三帽三棱柱，其中六个氧来自羟基基团而另外三个氧来自硫酸根。上述两种化合物晶体结构的主层板均由 REO_9 多面体以共面兼共边方式构建而成，主层板均通过位于层间起电荷平衡作用的硫酸根相连，但连接方式有所不同。即 RE-241 中的 REO_9 通过与硫酸根形成 RE—O—S 键、共用一个 O 相连，而 $RE_2(OH)_4SO_4$ 中的 REO_9 通过与硫酸根共享一条边而相连。该两类化合物晶体结构上的异同如图 4-40 所示。

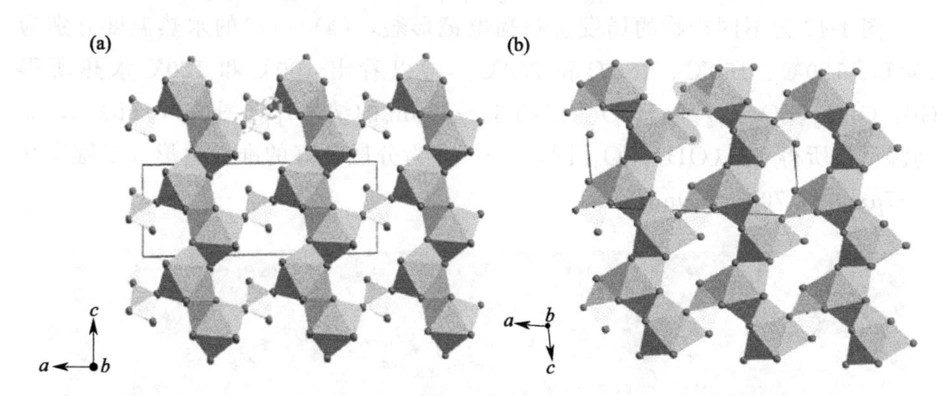

图 4-40　$RE_2(OH)_4SO_4 \cdot nH_2O$(a)和 $RE_2(OH)_4SO_4$(b)晶体结构对比

4.2.5　$Gd_2(OH)_4SO_4$ 的水热合成优化

稀土离子激活的 Gd_2O_2S 在光致发光、阴极射线发光和闪烁体等领域均获得重要应用，故对可作为其前驱体的 $Gd_2(OH)_4SO_4$ 进行了合成优化。图 4-41 为不同温度下经 24h 水热反应（pH 值均为 10）所得产物的 XRD 图谱。可以

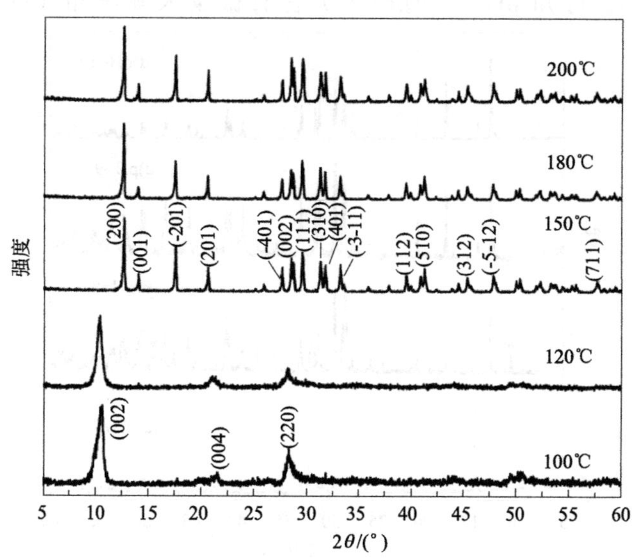

图 4-41　在 pH＝10 和不同温度下经 24h 水热反应所得产物的 XRD 图谱

看出 100℃和 120℃水热产物为 $Gd_2(OH)_5(SO_4)_{0.5} \cdot nH_2O$[78]，而 150～200℃的产物均为纯相 $Gd_2(OH)_4SO_4$。物相随水热温度升高而由前者转变为后者主要是因为溶液中 Gd 离子的配位环境发生了变化，如配位能力较强的硫酸根替代了配位能力较弱的水分子等。

图 4-42 为不同产物的场发射扫描电镜形貌，(a)～(e)的水热温度分别为 100℃、120℃、150℃、180℃和 200℃。可以看出 100℃和 120℃水热所得 $Gd_2(OH)_5(SO_4)_{0.5} \cdot nH_2O$ 为厚约 30～60nm 的纳米片［图(a)，(b)］，而高温反应所得 $Gd_2(OH)_4SO_4$［图(c)～(e)］为分散良好的准六边形（二维尺寸 4～7μm、厚 700～800nm）。

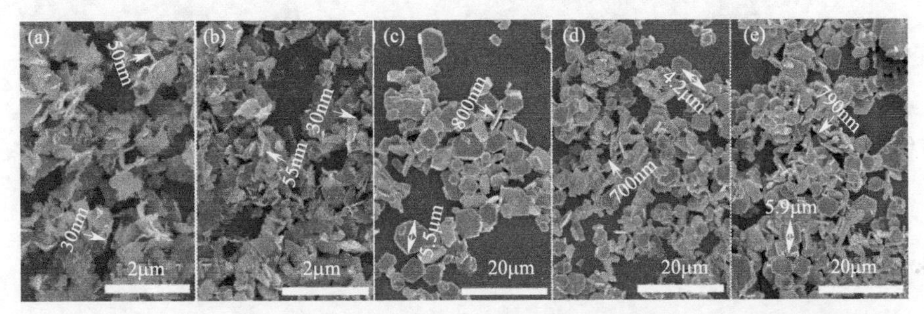

图 4-42　在 pH＝10 和不同温度下经 24h 水热反应所得产物的扫描电镜形貌

图 4-43 为不同 pH 值条件下经 24h 水热反应所得产物的 XRD 图谱（反应温度均为 150℃）。可知 pH＝7 时产物为含有微量未知杂相（星号标示）的

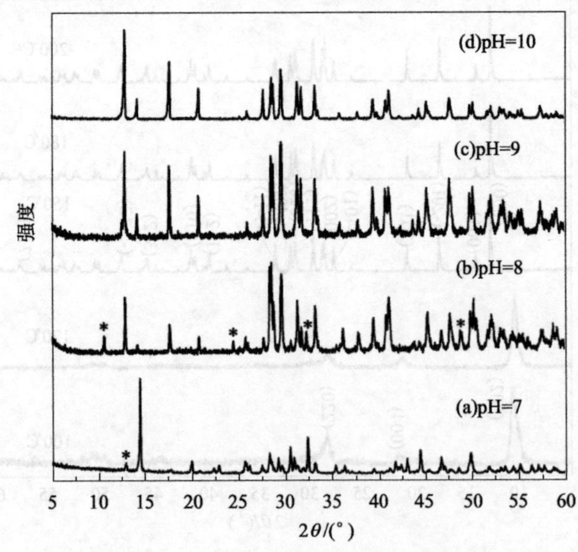

图 4-43　在 150℃和不同 pH 值下经 24h 水热反应所得产物的 XRD 图谱

$Gd(OH)SO_4$，pH=8 时的产物为含少量杂质相（星号标示）的 $Gd_2(OH)_4SO_4$，而 pH=9 和 pH=10 时的产物为纯相 $Gd_2(OH)_4SO_4$。提高溶液 pH 值时产物由 $Gd(OH)SO_4$（OH^- ∶ Gd^{3+} 物质的量比为 1∶1）向 $Gd_2(OH)_4SO_4$（OH^- ∶ Gd^{3+} 物质的量比为 2∶1）过渡是因为高 pH 值促进稀土离子水解。

图 4-44 为不同 pH 值下经 24h 水热反应所得产物的扫描电镜形貌（反应温度均为 150℃）。可见低 pH 值（pH=7 和 pH=8）反应所得 $Gd(OH)SO_4$ 和 $Gd_2(OH)_4SO_4$ 均为纳米片团聚而成的球形颗粒（直径 60～70μm），但 pH=8 时团聚较为松散。高 pH 值（pH=9 和 pH=10）反应所得产物均为分散性良好的微米板片，但 pH=10 时板片的二维尺寸和厚度因形核密度增大而变小。由上述结果可知，150℃ 和 pH = 9 或 pH = 10 是水热合成纯相 $Gd_2(OH)_4SO_4$ 的最佳条件。

图 4-44　在 150℃和不同 pH 值下经 24h 水热反应所得产物的扫描电镜形貌

4.2.6　$RE_2(OH)_4SO_4$（RE=Eu-Lu）在空气中的热分解研究

图 4-45 为 $RE_2(OH)_4SO_4$ 的 TG/DTA 曲线（RE=Eu-Lu，含 Y），可见该类层状化合物在空气中具有相似的热分解过程。以 $Eu_2(OH)_4SO_4$ 为例说明如下。初始加热阶段（室温至 340℃）的 TG 曲线平直，没有明显失重现象，与前述 $RE_2(OH)_4SO_4 \cdot nH_2O$ 物相明显不同，进一步说明该类化合物不含结晶水。加热到约 340℃以后因结构中羟基的脱除而失重明显，对应于 384℃处的吸热峰，表明该类无水层状化合物可直接通过脱羟基而生成 $RE_2O_2SO_4$。脱羟基之后的 TG 曲线保持平直至约 1100℃，说明 $Eu_2O_2SO_4$ 未发生热分解。第二阶段失重由 $Eu_2O_2SO_4$ 中硫酸根的解离造成，对应于约 1278℃处的吸热峰。该类层状氢氧化物的热分解可用式(4-5)和式(4-6)表示：

$$RE_2(OH)_4SO_4 \longrightarrow RE_2O_2SO_4 + 2H_2O \tag{4-5}$$

$$RE_2O_2SO_4 \longrightarrow RE_2O_3 + SO_3 \tag{4-6}$$

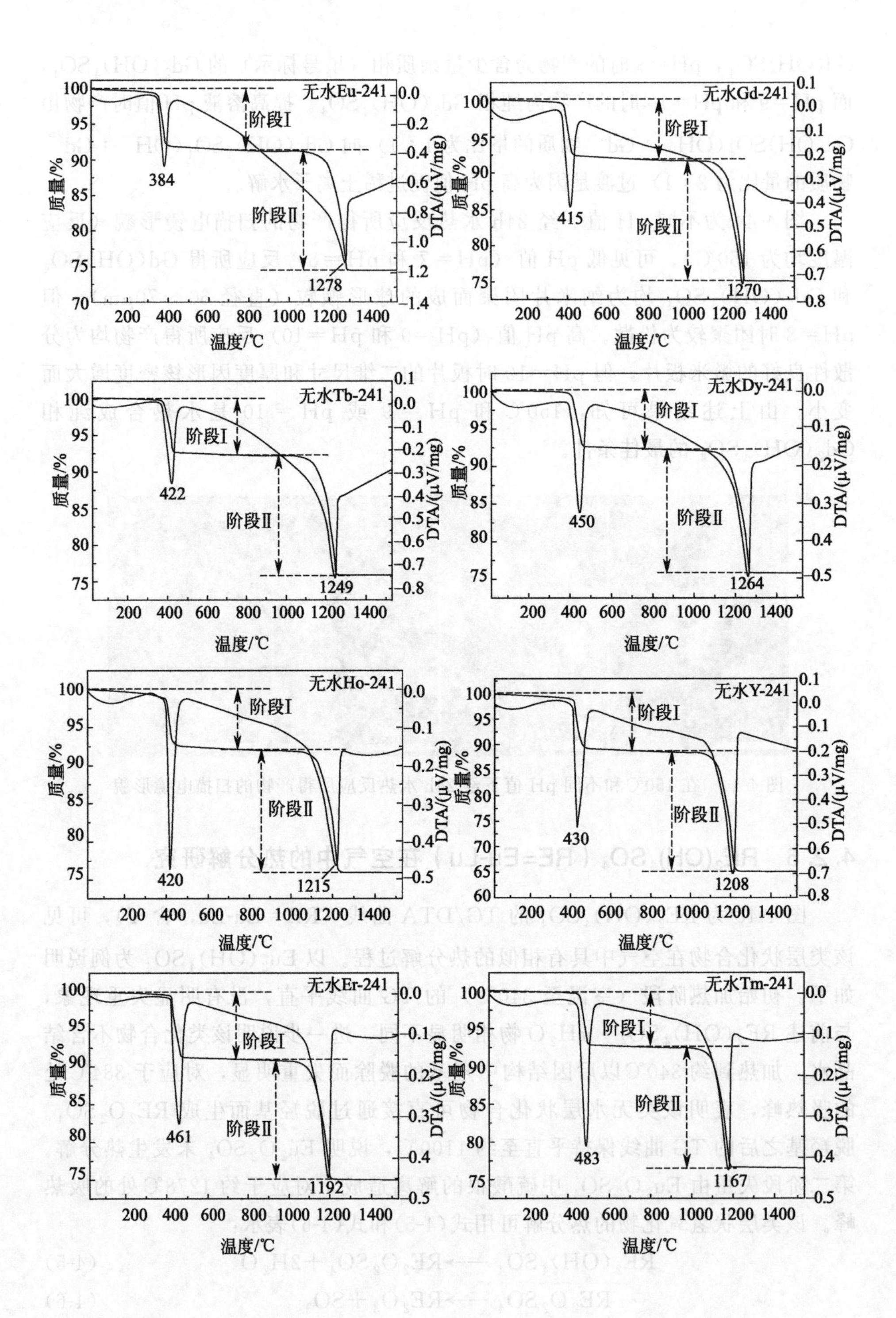
无水Eu-241
阶段Ⅰ
阶段Ⅱ
384
1278
质量/%
DTA/(μV/mg)
温度/℃
无水Gd-241
415
1270
无水Tb-241
422
1249
无水Dy-241
450
1264
无水Ho-241
420
1215
无水Y-241
430
1208
无水Er-241
461
1192
无水Tm-241
483
1167

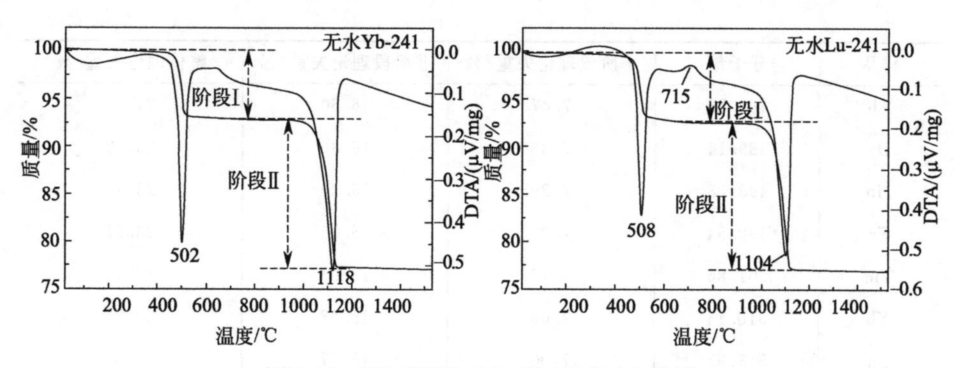

图 4-45　$RE_2(OH)_4SO_4$ 的 TG/DTA 曲线

各阶段的实际失重和理论失重分别见表 4-21 和表 4-22。两组数据吻合良好，说明所提出的热分解过程是合理的。$Lu_2(OH)_4SO_4$ 的热分解与其他化合物略有不同，即在约 715℃处存在一放热峰。因 TG 曲线仍平直，可能的原因是 $Lu_2O_2SO_4$ 发生了相变，尚需进一步探讨。与 $RE_2(OH)_4SO_4 \cdot nH_2O$ 相似，该类化合物的热分解同样呈现明显的 RE^{3+} 半径依存性，即羟基开始脱除的温度随 RE^{3+} 半径减小趋于升高而硫酸根开始分解的温度趋于降低，其原因如前所述。

表 4-21　新型无水硫酸盐型层状氢氧化物 $RE_2(OH)_4SO_4$ 在空气中的热分解数据

样品	峰 1/℃	峰 2/℃	$RE_2O_2SO_4$ 稳定存在范围/℃	Ⅰ阶段观测失重/%	Ⅱ阶段观测失重/%	观测总失重/%
Eu	384	1278	437～1125	8.62	16.93	25.55
Gd	415	1270	471～1123	8.16	16.71	24.87
Tb	422	1249	479～1086	7.62	16.51	24.13
Dy	450	1264	505～1098	7.71	16.57	24.28
Ho	420	1215	491～1066	7.84	16.31	24.15
Y	430	1208	503～1057	11.27	23.50	34.77
Er	461	1192	523～1051	8.93	16.07	25.00
Tm	483	1167	539～1024	7.24	16.09	23.33
Yb	502	1118	557～980	7.11	15.69	22.80
Lu	508	1104	565～978	7.32	15.61	22.93

表 4-22　$RE_2(OH)_4SO_4$ 在空气中各热分解阶段的理论失重

样品	分子量	Ⅰ阶段理论失重/%	Ⅱ阶段理论失重/%	整体理论失重/%
Eu	467.94	7.69	17.10	24.79
Gd	478.52	7.52	16.72	24.24

续表

样品	分子量	Ⅰ阶段理论失重/%	Ⅱ阶段理论失重/%	整体理论失重/%
Tb	481.88	7.47	16.60	24.07
Dy	489.14	7.36	16.36	23.72
Ho	493.88	7.29	16.20	23.49
Er	498.54	7.22	16.05	23.27
Tm	501.86	7.17	15.94	23.11
Yb	510.14	7.06	15.68	22.74
Lu	513.92	7.00	15.57	22.57
Y	341.82	10.53	23.40	33.94

第5章

硫酸盐型稀土层状化合物在稀土硫氧化物荧光粉制备中的应用

5.1 稀土硫氧化物概述及研究现状

稀土硫氧化物（RE_2O_2S）具有较宽的禁带宽度（4.6～4.8eV）[93]，是一类非常重要的发光基质材料，具有优异的光吸收和能量传递效率。RE_2O_2S 在惰性气氛中化学性质稳定，熔点超过 2000℃且不易潮解和氧化，故作为辐射激光材料、长余辉材料、阴极射线发光材料、X 射线发光材料、上/下转换发光材料和蓄光材料等在诸多领域得到了广泛应用。其中最具代表性的是 Y_2O_2S：Eu 红色荧光粉，其具有亮度高、光衰时间短、稳定性好等优点，是目前国内外广泛使用的彩色电视红色荧光材料。与传统的 Y_2O_3：Eu 红色荧光粉相比，其激发光谱中除存在 O→Eu 电荷转移跃迁外还可观察到 S→Eu 电荷转移跃迁，故可在更宽的紫外光范围内被激发。更重要的是 Y_2O_2S：Eu 的红色主发射峰（约 630nm）较 Y_2O_3：Eu（约 610nm）显著红移，红光更加纯正。Y_2O_2S：Eu 经 Mg^{2+} 和 Ti^{4+} 共掺杂可实现良好的红色长余辉发光[94]，解决了 CaS：Eu^{2+} 传统长余辉材料易水解、耐候性差的缺点。此外，Gd_2O_2S：Tb 和 Gd_2O_2S：Pr 是目前应用非常广泛的 X 射线增感屏和场发射显示屏用发光材料[95,96]。

稀土硫氧化物（RE_2O_2S）是一类应用广泛的稀土发光基质材料，具有优异的物化性能和良好的热稳定性。危害环境的含硫原料的使用和副产物的排出一直是该类材料制备中的一个关键点。本章详述了以 $RE_2(OH)_4SO_4 \cdot nH_2O$ 和 $RE_2(OH)_4SO_4$ 两类化合物为前驱体合成稀土硫氧化物及相关硫氧化物的发光性能。巧妙利用 $RE_2(OH)_4SO_4 \cdot nH_2O$ 和 $RE_2(OH)_4SO_4$ 两类化合物中 RE：S（物质的量比）与 RE_2O_2S 完全一致的特点，通过合理煅烧实现了

RE_2O_2S 的绿色广谱合成且副产物仅为水蒸气。

5.2 稀土硫氧化物的结构

稀土离子所占格位和周围的配位环境都会显著影响其发光性能。目前认为 RE_2O_2S 均属六方晶系（空间群：$P\text{-}3m1$），每个晶胞中有两个稀土原子。图 5-1（其中灰色代表 La，红色代表 O，黄色代表 S）以 La_2O_2S 为例说明了稀土硫氧化物的结构和以稀土为中心的配位多面体。稀土原子与三个硫原子和四个氧原子组成七配位多面体，其中镧和氧原子的格位均为 C_{3v}，而硫原子的格位为 D_{3d}。在掺杂稀土激活剂时，激活剂离子将替代 La^{3+} 而占据 C_{3v} 格位，对称性高于立方晶稀土氧化物 RE_2O_3 中 RE^{3+} 所处的 C_2（75%）格位。

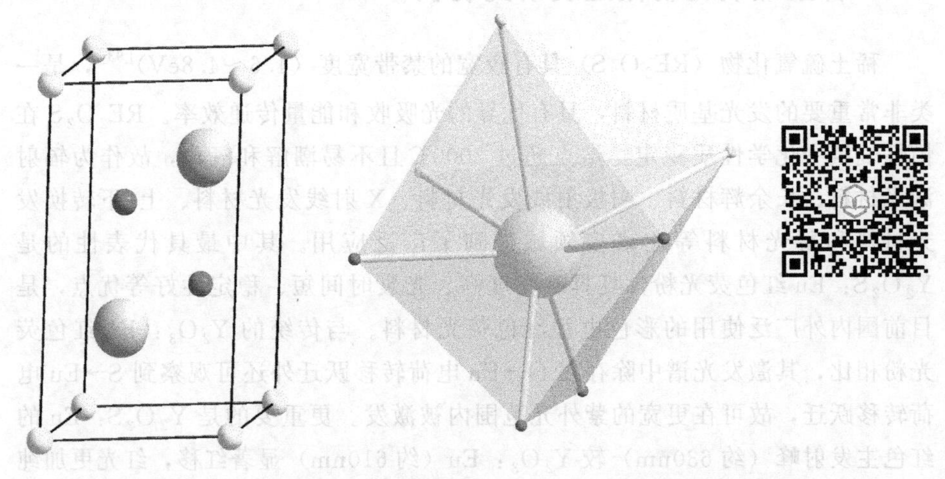

图 5-1　La_2O_2S 的六方晶体结构及 $La(O,S)_7$ 配位多面体的示意图

5.3 稀土硫氧化物的合成方法

制备方法会显著影响材料的性能。因此，细致研究和控制反应过程并开发新的制备途径是获得性能优良的稀土硫氧化物的关键。从实际应用的角度考虑，理想的合成方法应尽量避免使用和排出对环境和人体有害的化合物。固相法是最传统、也是目前实际生产中应用较多的 RE_2O_2S 合成方法，但存在必须使用对环境有害的含硫原料、反应温度高、反应时间长、形貌难以控制等缺点。针对以上问题，研究人员进行了一系列的努力和改进尝试，如使用助熔剂（常用的助熔剂为 Na_2CO_3、K_2CO_3 等）以降低反应温度并提高产物结晶

度[97]，采用氧化物硫化法制备 RE_2O_2S 并通过控制氧化物形貌以控制硫氧化物形貌[98]，采用溶剂热等液相法进行合成等[99-101]。但环境有害的含硫原料的使用和有害产物的排出仍一直是挑战性难题。以下整理了 RE_2O_2S 合成方面的专利和文献。

(1) 固相法

1991 年日本化成株式会社公布了以 Na_2CO_3 和 B_2O_3 为助熔剂通过固相反应制备 RE_2O_2S：M 硫氧化物（RE＝Gd、Y、Lu、La；M＝Eu、Tb、Sm、Pr）的专利[102]，发现 B_2O_3 用量越多粉体晶粒越大。2001 年 Lo 等人[103] 研究了稀土硫氧化物固相反应合成中助熔剂配比对产物粒径及其分布的影响。固相法所涉及的反应可表述如下：RE_2O_3 ＋硫源及助熔剂（S＋Na_2CO_3＋Li_3PO_4，Li_2CO_3，K_2PO_3……）$\longrightarrow$ RE_2O_2S＋残渣（Na_2S_x＋Na_2SO_4）＋气态副产物（H_2S＋SO_4＋CO_2＋O_2）。

固相法具有产量高、成本低、适于实际生产等优势，但存在许多缺点，如产物形貌不规则、易发生团聚、所需反应温度较高、使用和排出对环境有害的物质等。

(2) 稀土硫酸盐还原法

1947 年 Pitha 等人[104] 以 $La_2(SO_4)_3$ 为前驱体在 H_2 气氛下合成了 La_2O_2S。其化学反应为：

$$La_2(SO_4)_3+8H_2 \longrightarrow La_2O_2SO_4+2H_2S+6H_2O \quad (5\text{-}1)$$

$$La_2O_2SO_4+4H_2 \longrightarrow La_2O_2S+4H_2O \quad (5\text{-}2)$$

2004 年日本熊本大学的 Machida 等人[105,106] 同样采用在 H_2 气氛中煅烧商业硫酸盐 $RE_2(SO_4)_3$ 的方法制备了 RE_2O_2S 硫氧化物（RE＝La、Pr、Nd 及 Sm）。该方法所用原料虽然简单易得，但硫酸盐提纯较为困难，导致产物成本偏高，而且煅烧过程中不可避免地释放 H_2S 有害气体。此外，直接煅烧硫酸盐商业粉很难控制产物形貌。

(3) 氧化物硫化法

固相法和稀土硫酸盐还原法往往难以对产物的形貌进行有效调控。1968 年 Haynes 等人[107] 采用在 H_2S 气氛下将氧化物进行硫化，成功制得了 Y_2O_2S：Eu^{3+} 荧光粉。近年来有关稀土氧化物合成的研究日趋成熟，已可制备出多种形貌的氧化物颗粒。因此，采用氧化物硫化法可得到形貌可控的稀土硫氧化物，包括准球形、纳米线和纳米板片等[98,108,109]。虽然该方法实现了形貌控制，但硫化过程仍离不开 H_2S 或 CS_2 等有毒气体。此外，因需先行制备氧化物粉体而工艺烦琐。

（4）溶剂热法

1999 年 Yu 等人[99] 以稀土硝酸盐和硫脲为反应物，乙醇为溶剂，经 300℃溶剂热反应直接得到了 La_2O_2S。2010 年 You 等人[100] 以稀土硝酸盐和硫脲为反应物，乙醇和乙二醇为溶剂，通过调节反应时间、乙醇/乙二醇比例和 PVP 含量，经 200℃溶剂热反应合成出了形貌均匀的前驱体球形颗粒，并经 N_2/S 气氛下煅烧该前驱体成功制备了直径 200～500nm 的 Gd_2O_2S：Eu 球形荧光粉。2012 年 Liu 等人[101] 以硝酸盐和硫粉为原料，乙醇为溶剂，通过添加油胺和 PVP，经 220℃溶剂热反应直接制得了 Gd_2O_2S：Eu 下转换发光和 Gd_2O_2S：Yb/Er 上转换发光荧光粉，省去了煅烧步骤。溶剂热法可有效调控目标产物的形貌，且比氧化物硫化法步骤简洁，但合成过程中往往需要使用诸多有机溶剂且反应温度较高。此外，研究人员还探索了其他技术如燃烧法[110] 和微波加热法[111] 等在 RE_2O_2S 合成中的应用。

（5）以硫酸盐型稀土层状化合物为前驱体煅烧法

以含结晶水型及无结晶水型硫酸盐型稀土层状氢氧化物 $RE_2(OH)_4SO_4 \cdot nH_2O$ 和 $RE_2(OH)_4SO_4$ 为前驱体，通过适宜煅烧可获得稀土硫氧化物 RE_2O_2S。巧妙利用其 RE∶S（物质的量比）与 RE_2O_2S 完全一致的特点，通过合理控制煅烧气氛和煅烧温度而实现硫氧化物的广谱合成。该技术路线不涉及任何有毒性的硫的化合物，且副产物仅为水蒸气，因而是一种绿色环保的合成技术。同时，可望通过调节水热参数合理调控层状氢氧化物前驱体的颗粒形貌，进而有效调控目标产物的性状。

5.4 稀土硫氧化物的绿色广谱合成

图 5-2 为 $RE_2(OH)_4SO_4 \cdot nH_2O$(RE-241)于 H_2 气氛中经 1200℃煅烧 1h 所得产物的 XRD 图谱。由 La_2O_2S 的标准衍射卡（JCPDS No. 00-075-1930）可知除 Tb 和 Dy 的产物含微量氧化物杂峰（星号）外，其余产物均为纯相 RE_2O_2S。衍射峰随 RE^{3+} 半径减小而明显向高角度漂移，与镧系收缩规律相吻合。采用 TOPAS 软件[50] 对所得 RE_2O_2S 的 XRD 进行图谱拟合并得到了晶格参数等信息（表 5-1）。可见 RE_2O_2S 的晶格参数 a 和 c 均随 RE^{3+} 半径减小而逐渐减小，与所观察到的衍射峰的漂移相一致（图 5-3）。

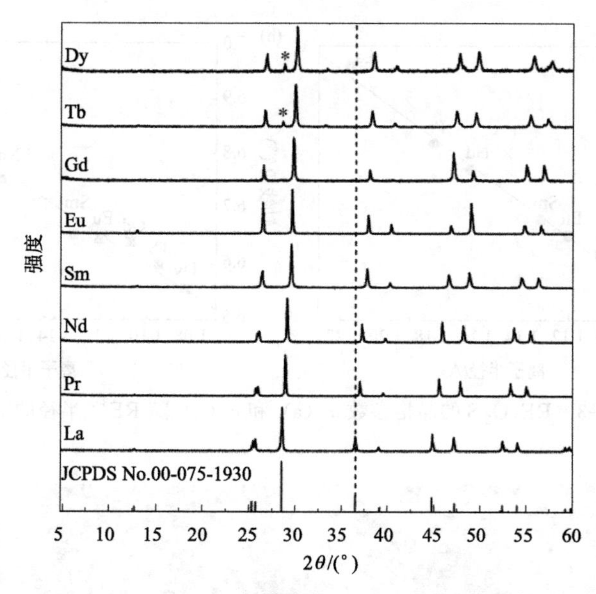

图 5-2 $RE_2(OH)_4SO_4 \cdot nH_2O$ 于 H_2 气氛中经 1200℃煅烧 1h 所得 RE_2O_2S 的 XRD 图谱

表 5-1 RE_2O_2S 的晶格参数和轴线角

样品	空间群	α/(°)	β/(°)	γ/(°)	a/Å	c/Å
La_2O_2S	P-3m1	90	90	120	4.05200	6.94630
Pr_2O_2S	P-3m1	90	90	120	3.96823	6.78612
Nd_2O_2S	P-3m1	90	90	120	3.94005	6.75249
Sm_2O_2S	P-3m1	90	90	120	3.88509	6.65342
Eu_2O_2S	P-3m1	90	90	120	3.86949	6.64595
Gd_2O_2S	P-3m1	90	90	120	3.84843	6.64057
Tb_2O_2S	P-3m1	90	90	120	3.82350	6.59805
Dy_2O_2S	P-3m1	90	90	120	3.80163	6.55639

图 5-4 为 RE-241 层状氢氧化物于 H_2 气氛中经 1200℃煅烧 1h 所得 RE_2O_2S 的扫描电镜形貌，内嵌图为高倍观察结果。可以看出 La-241 纳米片在煅烧过程中已碎裂为颗粒状（约 300nm 以下）。Pr_2O_2S 和 Nd_2O_2S 呈现出与 La_2O_2S 相似的形貌，尽管其片状前驱体在二维尺寸上大于 La-241。其他 RE_2O_2S 产物（RE=Sm、Eu、Gd、Tb 和 Dy）较好保持了其前驱体的板片状或类球形颗粒形貌，但高倍观察可见因热应力和脱水、脱羟基所导致的开裂（内嵌图）。

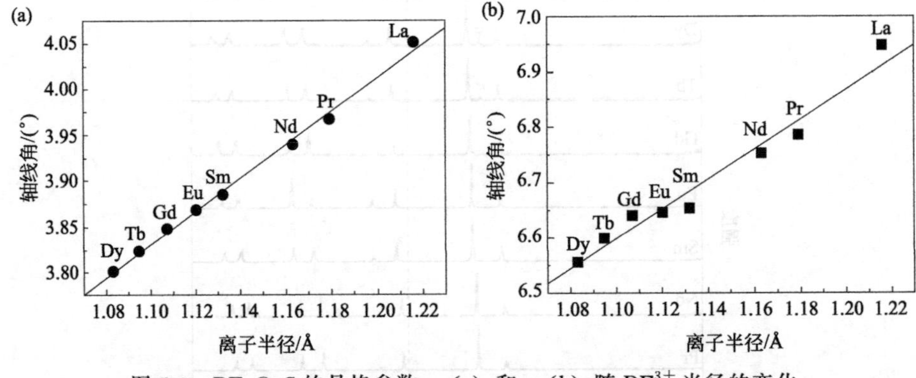

图 5-3 RE_2O_2S 的晶格参数 a（a）和 c（b）随 RE^{3+} 半径的变化

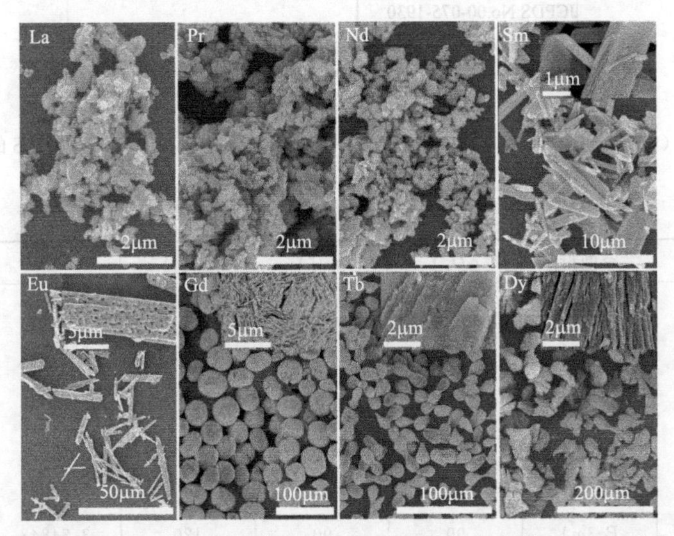

图 5-4 $RE_2(OH)_4SO_4 \cdot nH_2O$ 于 H_2 气氛中经 1200℃煅烧 1h 所得 RE_2O_2S 的扫描电镜形貌

图 5-5 为 $RE_2(OH)_4SO_4$（RE＝Ho-Lu 及 Y）于 H_2 气氛中经 1200℃煅烧 1h 所得产物的 XRD 图谱，星号表示立方晶 RE_2O_3。可以看到产物均为 RE_2O_2S 和 RE_2O_3 的混合物，且氧化物含量随稀土离子半径减小而逐渐增加（Ho 的产物中 Ho_2O_3 约占 6%而 Lu 的产物中 Lu_2O_3 约占 83%）。如前所述，SO_4^{2-} 基团与 RE^{3+} 的配位能力随 RE^{3+} 半径减小而逐渐变弱，造成 $RE_2O_2SO_4$ 稳定存在的温度上限逐渐降低，而 H_2 的裂解和还原能力在 900℃以上才比较显著。因此，生成 RE_2O_3 的一个最可能的原因是 H_2 还原力尚不足的情况下已发生 $RE_2O_2SO_4$ 中 SO_4^{2-} 的离解。小半径稀土元素纯相 RE_2O_2S 的合成尚需进一步探讨。

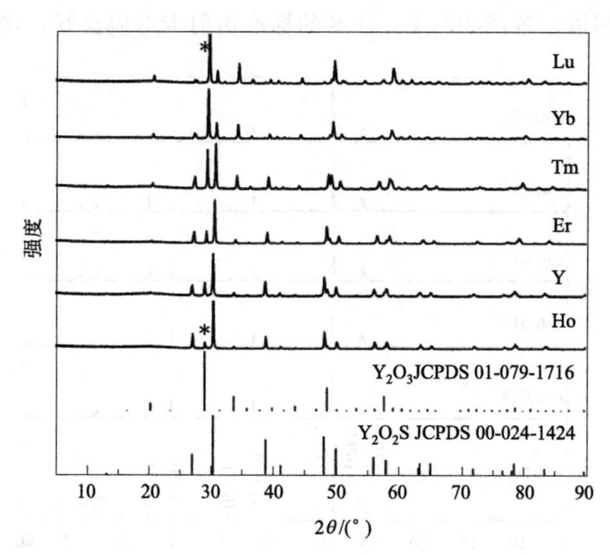

图5-5 $RE_2(OH)_4SO_4$ 于 H_2 气氛中经1200℃煅烧1h所得产物的XRD图谱

5.5 稀土硫氧化物的下转换光致发光

激活离子掺杂的 RE_2O_2S 作为荧光粉已应用在多个领域，包括彩色阴极射线显像管（CRT）、辐射增强显示屏、场发射显示器（FED）和X射线断层扫描及医学成像等[112-115]。近期有研究人员发现 RE_2O_2S（RE＝La、Gd及Y）同样可作为上转换发光的基质材料。传统的上转换发光材料为氟化物（如目前效率最高的 $NaYF_4$：Yb/Er）具有声子能量低（<$400cm^{-1}$）[116] 及上转换效率高等优点，但原材料毒性较大使其应用和大规模生产受到了限制。稀土氧化物（RE_2O_3）虽然无毒且化学性质较稳定但声子能量较高（约 $600cm^{-1}$）[117]，上转换效率偏低。因此研究其他无毒且上转换性能良好的发光材料具有较高的理论和实际意义。RE_2O_2S（RE＝La、Gd及Y）声子能量较低（约 $500cm^{-1}$）[118] 且无毒、化学稳定性好，因此已有研究人员对经典上转换发光掺杂对Yb/Er和Yb/Ho在 RE_2O_2S（RE＝La、Gd及Y）中的发光性能进行了研究[118,119]。但Yb/Tm在 RE_2O_2S 中的上转换发光尚鲜见报道。本节不仅详述了多种激活离子在 RE_2O_2S（RE＝La和Gd）中的下转换发光性能，也深入探讨了Yb/Er、Yb/Ho和Yb/Tm掺杂对在 La_2O_2S 中的上转换发光。

5.5.1 $(La_{1-x}Eu_x)_2O_2S$ 的下转换发光

图5-6为 H_2/N_2 还原气氛下经1200℃煅烧所得 $(La_{1-x}Eu_x)_2O_2S$ 红色荧

光粉的 XRD 图谱。各产物与 La_2O_2S 的标准衍射卡对应良好，均为纯相。

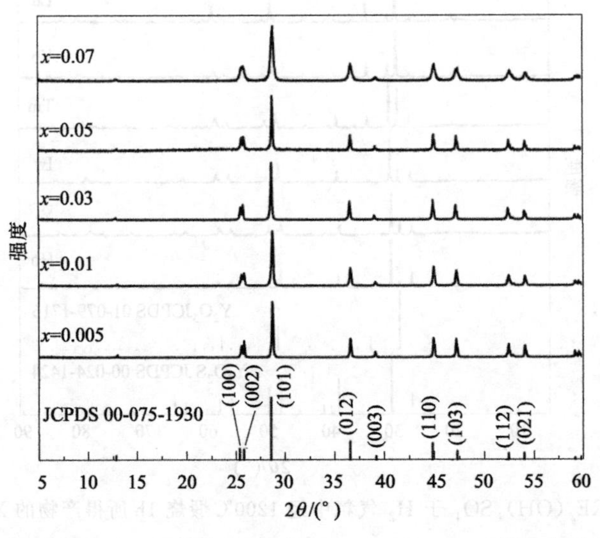

图 5-6 还原性气氛中经 1200℃煅烧 1h 所得 $(La_{1-x}Eu_x)_2O_2S$ 红色荧光粉的 XRD 图谱

图 5-7 为 $(La_{1-x}Eu_x)_2O_2S$ 红色荧光粉的激发和发射光谱，激发波长见表 5-2 和表 5-3，图(b)和(c)的内嵌图为 625nm 发光强度随 Eu^{3+} 含量的变化。与传统的 Y_2O_3 和上文所述 $La_2O_2SO_4$ 相比，Eu^{3+} 在 La_2O_2S 中呈现非常宽且强的激发带，使得 Eu^{3+} 在该基质中可被更宽波长范围的紫外光所激发（250～400nm）。该激发带是 $O^{2-}\rightarrow Eu^{3+}$（约 270nm）和 $S^{2-}\rightarrow Eu^{3+}$（约 340nm）电荷转移跃迁（CTB）叠加的结果。位于 395nm 和 417nm 的激发峰归属于 Eu^{3+} 的 f-f 跃迁，其与 $S^{2-}\rightarrow Eu^{3+}$ CTB 在一定程度上重合。当 Eu^{3+} 的掺杂量小于 3%（原子数分数）时 $O^{2-}\rightarrow Eu^{3+}$ CTB 强于 $S^{2-}\rightarrow Eu^{3+}$ CTB，之后随 Eu^{3+} 含量增加 $S^{2-}\rightarrow Eu^{3+}$ CTB 逐渐强于 $O^{2-}\rightarrow Eu^{3+}$ CTB。其原因在于该两种 CTB 对 Eu^{3+} 含量变化的敏感程度不同。此前研究人员发现 La_2O_2S 体系中 $S^{2-}\rightarrow Eu^{3+}$ CTB 峰强随 Eu^{3+} 含量增加而增大的幅度大于 $O^{2-}\rightarrow Eu^{3+}$ CTB[120]。在这两种 CTB 激发下，Eu^{3+} 在 La_2O_2S 中呈现相似的发射光谱[图 5-7(b)和(c)]，且发射强度与 CTB 强度相呼应。Eu^{3+} 的主发射峰位于 625nm，与传统氧化物（613nm）和上述含氧硫酸盐（617nm）相比发生明显红移，使其发射的红光更加纯正。由图 5-7(b)可知，$O^{2-}\rightarrow Eu^{3+}$ CTB 激发下的发射强度随 Eu^{3+} 含量增加而增大至 3%（原子数分数）后开始下降，故 Eu^{3+} 的最佳浓度为 3%（原子数分数）。类似分析表明 $S^{2-}\rightarrow Eu^{3+}$ CTB 激发下的荧光猝灭浓度为 5%（原子数分数）[图 5-7(c)]。Eu^{3+} 的 $^5D_1\rightarrow{}^7F_J$ 跃迁只在 Eu^{3+} 含量较低时［＜7%（原子数分数）］观察到，这是

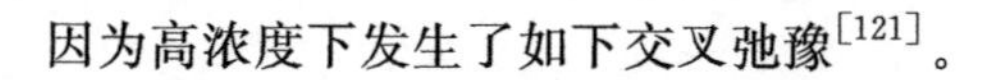

因为高浓度下发生了如下交叉弛豫[121]。

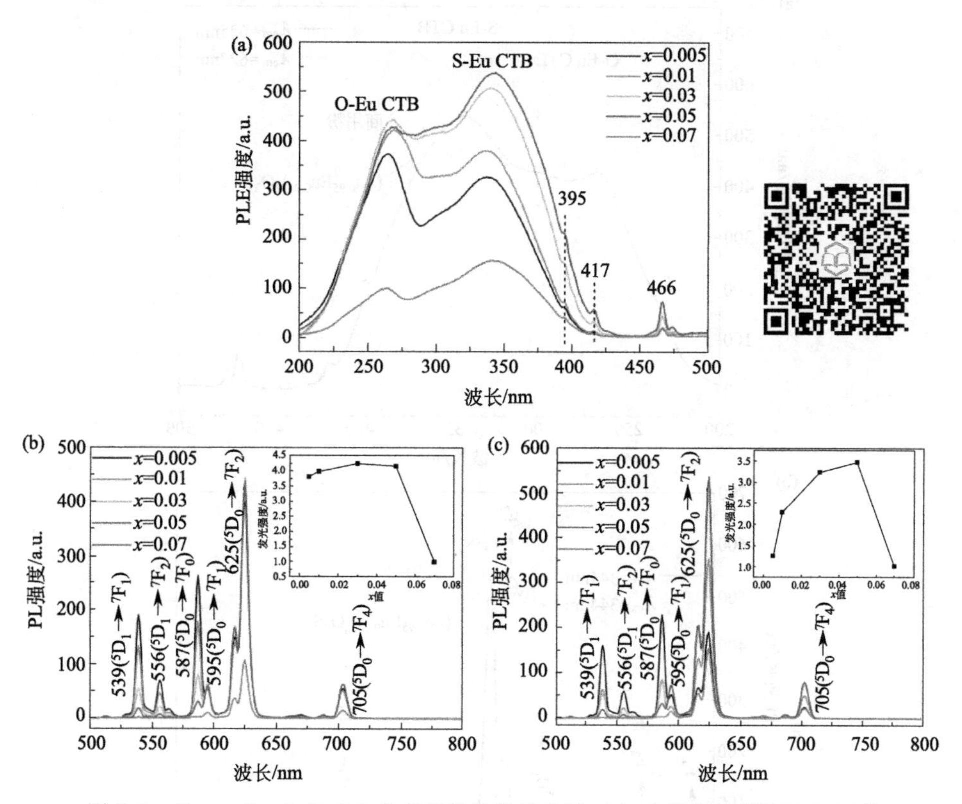

图 5-7　$(La_{1-x}Eu_x)_2O_2S$ 红色荧光粉的激发光谱（a）和发射光谱[(b)和(c)]

$$Eu^{3+}(^5D_1)+Eu^{3+}(^7F_0)\longrightarrow Eu^{3+}(^5D_0)+Eu^{3+}(^7F_3) \tag{5-3}$$

$I_{625}:I_{587}$ 强度比随 Eu^{3+} 含量升高而显著增大（表 5-2 和表 5-3），进一步说明上述过程的发生。在 344nm 激发下，$(La_{0.95}Eu_{0.05})O_2S$ 荧光粉的发光强度达到 Y_2O_2S: Eu 商业荧光粉（Kasei Optonix Ltd.，Nara，Japan）的 85%左右（图 5-8）。

表 5-2　$O^{2-}\rightarrow Eu^{3+}$ CTB 激发下 $(La_{1-x}Eu_x)_2O_2S$ 红色荧光粉的光致发光性能

样品	λ_{ex}/nm	λ_{em}/nm	色坐标(x,y)	$I_{625}:I_{587}$
$x=0.005$	269	625	(0.556,0.440)	1.52
$x=0.01$	265	625	(0.579,0.417)	2.35
$x=0.03$	267	625	(0.629,0.370)	5.63
$x=0.05$	268	625	(0.658,0.341)	14.13
$x=0.07$	265	625	(0.670,0.329)	53.56

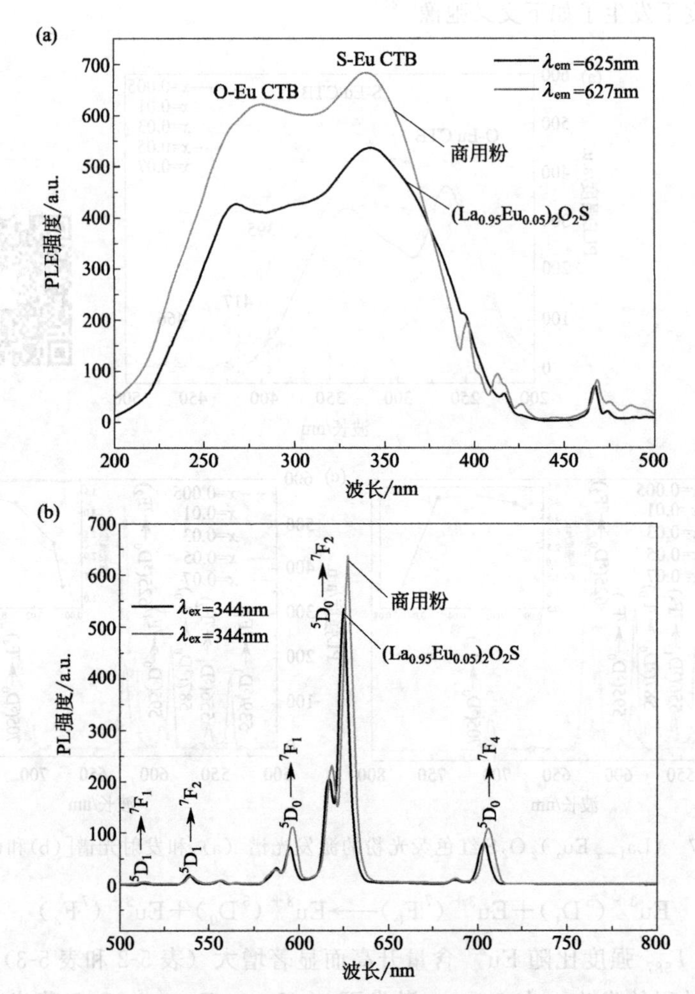

图 5-8 $(La_{0.95}Eu_{0.05})_2O_2S$ 荧光粉和商业 Y_2O_2S: Eu 荧光粉的激发光谱（a）和发射光谱（b）

表 5-3 $S^{2-} \rightarrow Eu^{3+}$ CTB 激发下 $(La_{1-x}Eu_x)_2O_2S$ 红色荧光粉的光致发光性能

样品	λ_{ex}/nm	λ_{em}/nm	色坐标(x,y)	$I_{625}:I_{587}$
x=0.005	338	625	(0.558,0.438)	0.83
x=0.01	331	625	(0.577,0.420)	4.02
x=0.03	341	625	(0.633,0.364)	6.02
x=0.05	344	625	(0.661,0.337)	16.24
x=0.07	344	625	(0.675,0.323)	51.00

5.5.2 $(La,RE)_2O_2S$ 的下转换光致发光（RE= Pr、Sm、Tb、Dy、Ho、Er及Tm）

除经典的 Eu^{3+} 外，本书也详述了其余可作为激活剂的稀土在硫氧化镧中的光致发光行为。XRD 分析表明其他稀土激活离子掺杂的 $(La_{0.99}RE_{0.01})_2(OH)_4SO_4 \cdot nH_2O$ 均为纯相（图5-9）。采用 TOPAS 软件分析所得晶格参数和晶胞体积均随激活剂半径减小而逐渐减小（表5-4），说明已形成固溶体。XRD 分析结果表明煅烧以上层状化合物所得 $(La_{0.99}RE_{0.01})_2O_2S$ 荧光粉同样均为纯相（图5-10）。

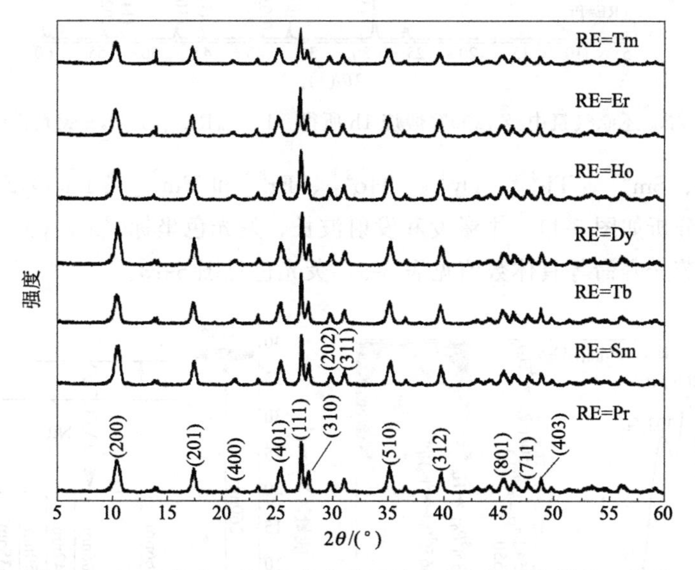

图5-9 在100℃和pH=9的条件下经24h水热反应所得一系列 $(La_{0.99}RE_{0.01})_2(OH)_4SO_4 \cdot nH_2O$ 层状化合物的XRD图谱

表5-4 硫酸盐型稀土层状氢氧化物 $(La_{0.99}RE_{0.01})_2(OH)_4SO_4 \cdot nH_2O$ 的结构参数

样品	RE=Pr	RE=Sm	RE=Tb	RE=Dy	RE=Ho	RE=Er	RE=Tm
空间群	$C2/m$	$C2/m$	$C2/m$	$C2/m$	$C2/m$	$C2/m$	$C2/m$
a/Å	16.86643	16.86875	16.84664	16.84540	16.84457	16.84544	16.8444
b/Å	3.93592	3.93488	3.93366	3.93376	3.93224	3.93196	3.93178
c/Å	6.43213	6.43211	6.42954	6.42893	6.42799	6.42720	6.42788
β/(°)	90.46486	90.48584	90.48174	90.47668	90.46524	90.47099	90.4913
V/Å^3	426.9821	426.9260	426.0632	426.0032	425.7560	425.6949	425.680

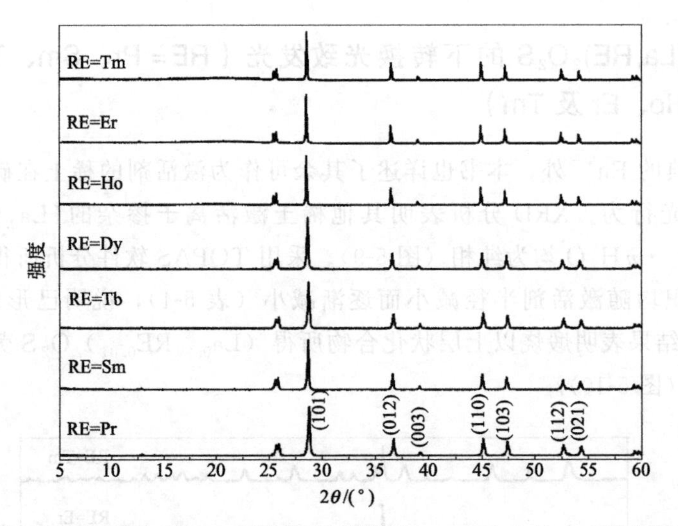

图 5-10 H_2/N_2 还原气氛中经 1200℃煅烧 1h 所得 $(La_{0.99}RE_{0.01})_2O_2S$ 荧光粉的 XRD 图谱

Pr^{3+}、Sm^{3+}、Tb^{3+}、Dy^{3+}、Ho^{3+}、Er^{3+} 和 Tm^{3+} 在 La_2O_2S 晶格中的发光具体分析如图 5-11。主激发和发射波长、发光色坐标（x，y）、量子效率（QY）和荧光寿命等具体数值见表 5-5，荧光色见图 5-13。

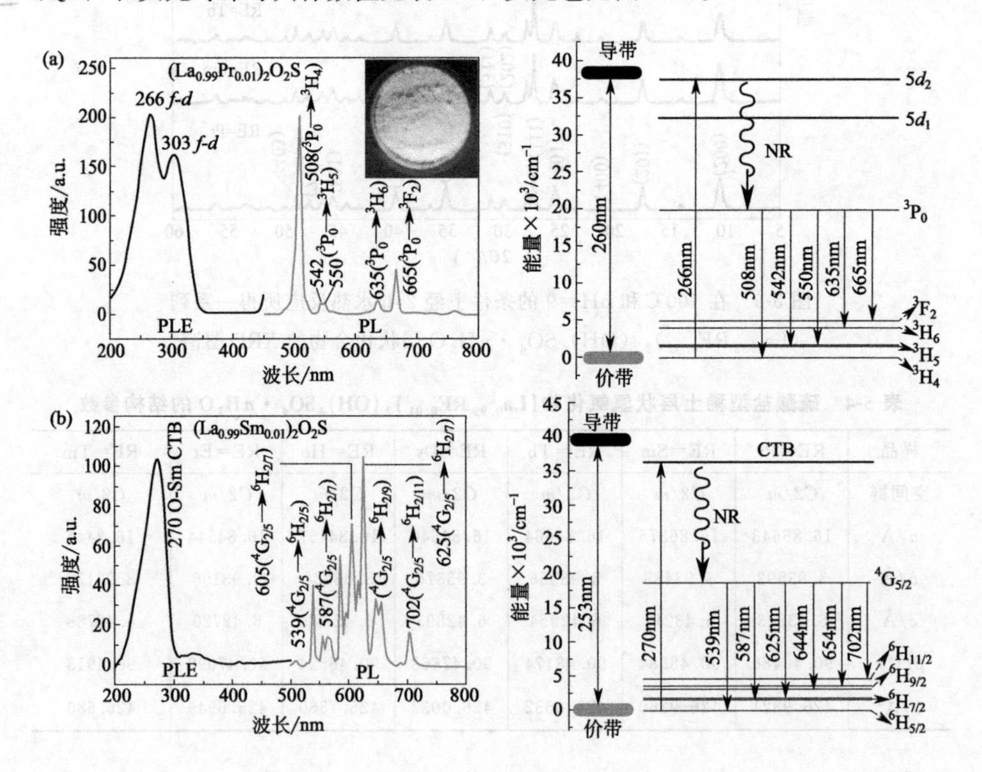

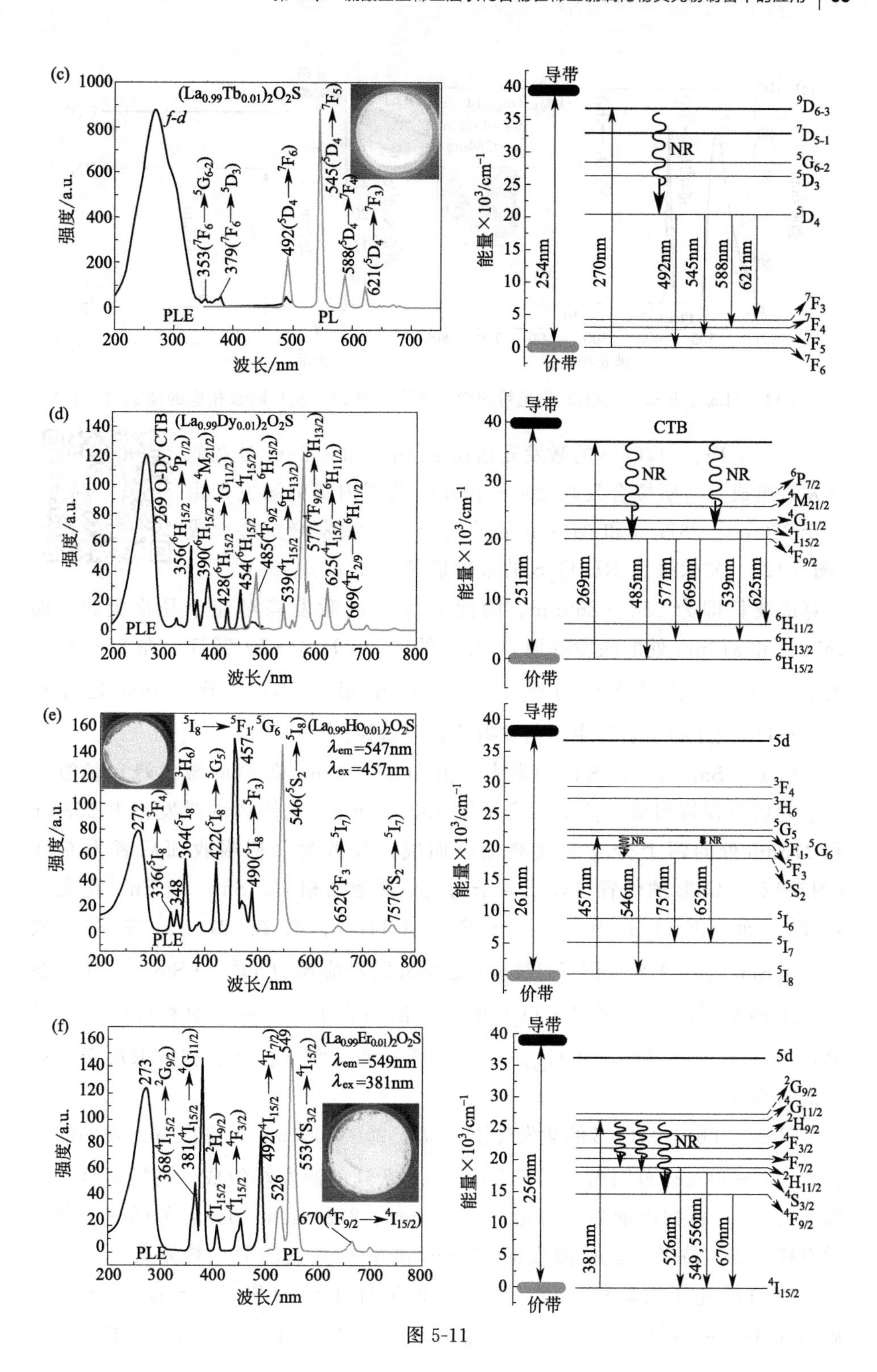
(c)
$(La_{0.99}Tb_{0.01})_2O_2S$
f-d
353($^7F_6$→$^5G_{6-2}$)
379($^7F_6$→$^5D_3$)
492($^5D_4$→$^7F_6$)
545($^5D_4$→$^7F_5$)
588($^5D_4$→$^7F_4$)
621($^5D_4$→$^7F_3$)
PLE
PL
强度/a.u.
波长/nm
导带
价带
能量×10^3/cm^{-1}
254nm
270nm
NR
492nm
545nm
588nm
621nm
$^9D_{6-3}$
$^7D_{5-1}$
$^5G_{6-2}$
$^5D_3$
$^5D_4$
$^7F_3$
$^7F_4$
$^7F_5$
$^7F_6$
(d)
$(La_{0.99}Dy_{0.01})_2O_2S$
269 O-Dy CTB
356($^6H_{15/2}$→$^6P_{7/2}$)
390($^6H_{15/2}$→$^4M_{21/2}$)
428($^6H_{15/2}$→$^4G_{11/2}$)
454($^6H_{15/2}$→$^4I_{15/2}$)
485($^4F_{9/2}$→$^6H_{15/2}$)
539($^4I_{15/2}$→$^6H_{13/2}$)
577($^4F_{9/2}$→$^6H_{13/2}$)
625($^4I_{15/2}$→$^6H_{11/2}$)
669($^4F_{2/9}$→$^6H_{11/2}$)
PLE
强度/a.u.
波长/nm
导带
价带
CTB
NR
能量×10^3/cm^{-1}
251nm
269nm
485nm
577nm
669nm
539nm
625nm
$^6P_{7/2}$
$^4M_{21/2}$
$^4G_{11/2}$
$^4I_{15/2}$
$^4F_{9/2}$
$^6H_{11/2}$
$^6H_{13/2}$
$^6H_{15/2}$
(e)
$^5I_8$→$^5F_1$, $^5G_6$
$(La_{0.99}Ho_{0.01})_2O_2S$
λ_{em}=547nm
λ_{ex}=457nm
272
336($^5I_8$→$^3F_4$)
348
364($^5I_8$→$^3H_6$)
422($^5I_8$→$^5G_5$)
457
490($^5I_8$→$^5F_3$)
546($^5S_2$→$^5I_8$)
652($^5F_3$→$^5I_7$)
757($^5S_2$→$^5I_7$)
PLE
强度/a.u.
波长/nm
导带
价带
5d
能量×10^3/cm^{-1}
NR
261nm
457nm
546nm
757nm
652nm
$^3F_4$
$^3H_6$
$^5G_5$
$^5F_1$, $^5G_6$
$^5F_3$
$^5S_2$
$^5I_6$
$^5I_7$
$^5I_8$
(f)
$(La_{0.99}Er_{0.01})_2O_2S$
λ_{em}=549nm
λ_{ex}=381nm
273
368($^4I_{15/2}$→$^2G_{9/2}$)
381($^4I_{15/2}$→$^4G_{11/2}$)
($^4I_{15/2}$→$^2H_{9/2}$)
($^4I_{15/2}$→$^4F_{3/2}$)
492($^4I_{15/2}$→$^4F_{7/2}$)
549
553($^4S_{3/2}$→$^4I_{15/2}$)
526
670($^4F_{9/2}$→$^4I_{15/2}$)
PLE
PL
强度/a.u.
波长/nm
导带
价带
5d
NR
能量×10^3/cm^{-1}
256nm
381nm
526nm
549,556nm
670nm
$^2G_{9/2}$
$^4G_{11/2}$
$^2H_{9/2}$
$^4F_{3/2}$
$^4F_{7/2}$
$^2H_{11/2}$
$^4S_{3/2}$
$^4F_{9/2}$
$^4I_{15/2}$

图 5-11

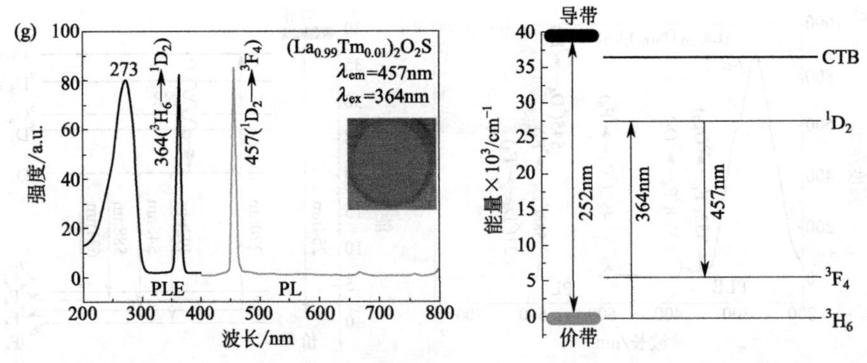

图 5-11 $(La_{0.99}RE_{0.01})_2O_2S$荧光粉的激发和发射光谱（左）以及相应的能级图（右）

$(La_{0.99}Pr_{0.01})_2O_2S$的激发光谱由 266nm 和 303nm 处宽的激发带组成。高斯拟合发现 200～400nm 范围内宽的激发带由位于 260nm、267nm 和 310nm 处的三个分立激发峰重叠而成(图 5-12)。文献报道 RE_2O_2S 的带隙能量为 4.6～4.8eV[122]，换算成波长即为 258～269nm。因此 260nm 的激发峰对应于晶格吸收，而 267nm 和 310nm 处的激发峰源自 Pr^{3+} 的 $4f^2(^3H_4)\rightarrow 5d$ 跃迁。在 266nm 激发下，Pr^{3+} 的发射光谱与在 $La_2O_2SO_4$ 中相似，以位于 508nm 处源自 $^3P_0\rightarrow{}^3H_4$ 跃迁的发射为主，但发射峰略有蓝移。

$(La_{0.99}Sm_{0.01})_2O_2S$的激发光谱由 200～300nm 处宽的激发峰和长波段一系列弱激发峰组成。高斯拟合可知 200～300nm 范围内的激发峰由 253nm 和 275nm 处的两个分立激发峰重叠而成，前者为晶格吸收而后者为 CTB (图 5-12)。CTB 的位置与稀土离子的电负性密切相关。Sm^{3+}与Eu^{3+}电负性相近，而 RE_2O_2S 中 $O^{2-}\rightarrow Eu^{3+}$ CTB 出现在 270nm 左右，故$(La_{0.99}Sm_{0.01})_2O_2S$中位于 275nm 处的激发峰应源自 $O^{2-}\rightarrow Sm^{3+}$ CTB。在 270nm 激发下，Sm^{3+} 在 La_2O_2S 中呈现出与在 $La_2O_2SO_4$ 中相似的发射光谱，但其$^4G_{5/2}\rightarrow{}^6H_{7/2}$ 和$^4G_{5/2}\rightarrow{}^6H_{9/2}$ 跃迁劈裂明显。劈裂程度取决于晶体场的对称性。

$(La_{0.99}Tb_{0.01})_2O_2S$的激发光谱由位于 200～300nm 范围内宽而强的激发带和 350～500nm 范围内归属于 Tb^{3+} f-f 跃迁的激发峰组成。高斯拟合发现 200～300nm 范围内的激发带由位于 254nm、272nm 和 303nm 处的三个分立激发峰组成，前者为晶格激发而 272nm 和 303nm 处的分立峰则分别对应于 Tb^{3+} 的 $4f^8$ 电子被激发到 $4f^75d^1$ 组态的低自旋态（LS，$^7F_6\rightarrow{}^9D_{6\text{-}3}$）和高自旋态（HS，$^7F_6\rightarrow{}^7D_{5\text{-}1}$）[123,124]。在 266nm 激发下，$Tb^{3+}$呈现$^5D_4\rightarrow{}^7F_J$（$J$=

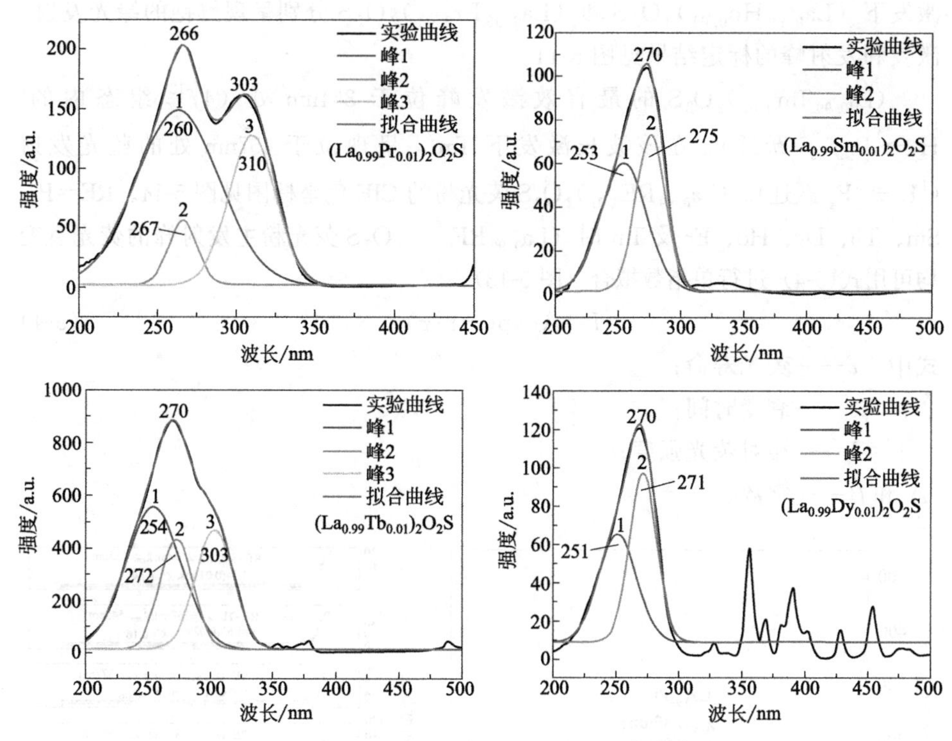

图 5-12　$(La_{0.99}RE_{0.01})_2O_2S$ 荧光粉的实测及高斯拟合激发光谱

3～6）特征跃迁，以位于 545nm 处的$^5D_4\rightarrow{}^7F_5$ 绿光发射为最强。与 $La_2O_2SO_4$：Tb 相比，La_2O_2S：Tb 的发射光谱中无任何$^5D_3\rightarrow{}^7F_J$ 跃迁。这可能是因为 La_2O_2S 的带隙能量较小、Tb^{3+} 的$^5D_3$ 能级与导带底更接近，从而导致$^5D_3$ 电子因热扰动而跃入了导带。

$(La_{0.99}Dy_{0.01})_2O_2S$ 和 $(La_{0.99}Dy_{0.01})_2O_2SO_4$ 的激发和发射光谱相似，但前者存在 $O^{2-}\rightarrow Dy^{3+}$ CTB 激发带（约 269nm 处）和位于 539nm 及 625nm 处源自 Dy^{3+} 的$^4I_{15/2}\rightarrow{}^6H_{13/2}$ 和$^4I_{15/2}\rightarrow{}^6H_{11/2}$ 跃迁的发光。该发射是因为激发态电子没有完全弛豫到最低激发态（$^4F_{9/2}$），而是部分弛豫到了$^4I_{15/2}$ 能级并在进而回迁至$^6H_{13/2}$ 和$^6H_{11/2}$ 基态能级时发光[图 5-11(d)右侧能级图]。$(La_{0.99}Dy_{0.01})_2O_2S$ 的最强发射位于 577nm 处，归属于 Dy^{3+} 的$^4F_{9/2}\rightarrow{}^6H_{13/2}$ 跃迁。

$(La_{0.99}Ho_{0.01})_2O_2S$ 和 $(La_{0.99}Er_{0.01})_2O_2S$ 均可观察到位于约 273nm 处的 CTB 激发带和位于 300～500nm 范围内的 f-f 跃迁激发，且 457nm（Ho^{3+}）和 381nm（Er^{3+}）处的激发峰强于其他激发峰。在 457nm 和 381nm

激发下 $(La_{0.99}Ho_{0.01})_2O_2S$ 和 $(La_{0.99}Er_{0.01})_2O_2S$ 分别呈现鲜艳的绿光发射。激发和发射峰的标定结果见图 5-11。

$(La_{0.99}Tm_{0.01})_2O_2S$ 的最有效激发峰位于 364nm 处（$4f^{12}$ 组态内的 $^3H_2 \rightarrow ^1D_6$ f-f 跃迁）。在该波长激发下 Tm^{3+} 呈现位于 457nm 处的蓝光发射（$^1D_2 \rightarrow ^3F_4$ 跃迁）。$(La_{0.99}RE_{0.01})_2O_2S$ 荧光粉的 CIE 色坐标图见图 5-14。RE=Pr、Sm、Tb、Dy、Ho、Er 及 Tm 时 $(La_{0.99}RE_{0.01})_2O_2S$ 荧光粉主发射峰的荧光衰变均可用式(5-4) 进行单指数拟合（图 5-13）。

$$I = A\exp(-t/\tau) + B \tag{5-4}$$

式中 τ——荧光寿命；

t——衰变时间；

I——相对荧光强度；

A 和 B——常数。

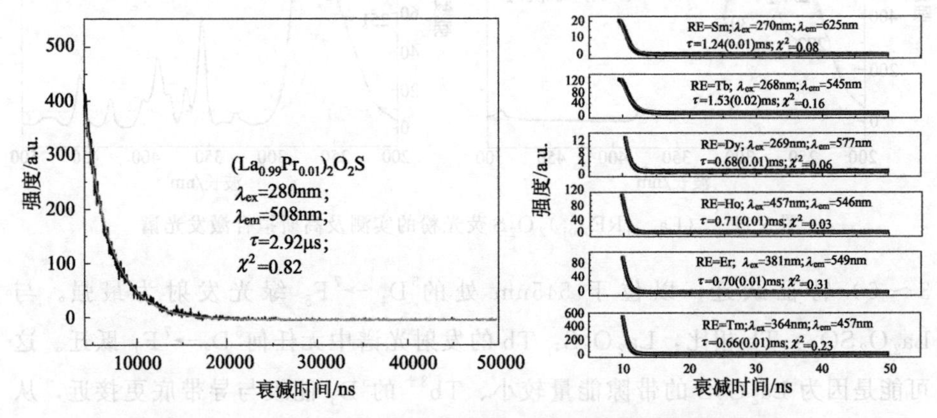

图 5-13 $(La, RE)_2O_2S$ 荧光粉主发射峰的单指数衰减曲线

表 5-5 $(La, RE)_2O_2S$ 荧光粉的光致发光性能

样品	λ_{ex}/nm	λ_{em}/nm	QY/%	CIE(x,y)	寿命
$(La_{0.99}Pr_{0.01})_2O_2S$	266	508	19.2	(0.15,0.62)	2.92(0.01)μs
$(La_{0.99}Sm_{0.01})_2O_2S$	270	625	26.2	(0.59,0.41)	1.24(0.01)ms
$(La_{0.99}Tb_{0.01})_2O_2S$	270	545	48.5	(0.33,0.61)	1.53(0.01)ms
$(La_{0.99}Dy_{0.01})_2O_2S$	269	577	13.3	(0.45,0.46)	0.68(0.01)ms
$(La_{0.99}Ho_{0.01})_2O_2S$	457	546	8.7	(0.30,0.69)	0.71(0.01)ms
$(La_{0.99}Er_{0.01})_2O_2S$	381	549	18.8	(0.31,0.68)	0.70(0.01)ms
$(La_{0.99}Tm_{0.01})_2O_2S$	364	457	6.6	(0.17,0.08)	0.66(0.01)ms

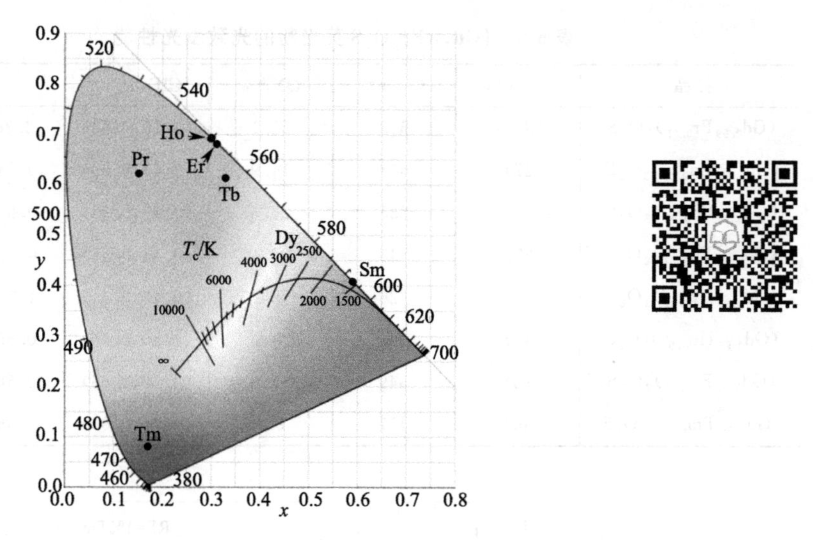

图 5-14 $(La_{0.99}RE_{0.01})_2O_2S$ 荧光粉的 CIE 色坐标图

5.5.3 $(Gd,RE)_2O_2S$ 的下转换光致发光（RE=Pr、Sm、Eu、Tb、Dy、Ho、Er 及 Tm）

除硫氧化镧外，硫氧化钆为稀土硫氧化物中另一个适于作为基质晶格的化合物，钆具有半满的 $4f$ 电子壳层结构，与 $4f$ 电子层全空的镧相比有特殊的性能，此前在多个晶格中观察到钆元素与多种激活剂的能量传递现象。另外硫氧化钆也是非常有名的闪烁材料。因此本书也详述了多种稀土激活离子在硫氧化钆中的发光性能。

同样采用以稀土层状化合物为前驱体合成硫氧化钆。图 5-15 为水热反应所得 $(Gd, RE)_2(OH)_4SO_4$ 的 XRD 图谱，图 5-16 为所得 $(Gd, RE)_2(OH)_4SO_4$ 在 H_2 气氛中经 1200℃煅烧 1h 所得 $(Gd, RE)_2O_2S$ 荧光粉的 XRD 图谱。

图 5-17 为不同稀土激活剂在 Gd_2O_2S 晶格中的激发和发射光谱［Eu^{3+} 含量为 5%（原子数分数），其他激活离子的含量均为 1%（原子数分数）］。所得荧光粉在紫外光激发下呈现鲜艳的绿光（Pr^{3+}、Tb^{3+}、Ho^{3+}、Er^{3+}）、红光（Sm^{3+}、Eu^{3+}）和蓝光（Tm^{3+}）发射（图 5-18）。La_2O_2S 与 Gd_2O_2S 均为稀土硫氧化物，但存在晶格共价性和带隙能量等方面的差异，因而激活剂在该两种晶格中表现出某些不同的发光行为。具体分析如下。主激发和发射波长、发光色坐标（x，y）、量子效率（QY）和荧光寿命等数据见表 5-6，紫外线照射下发光的外观如图 5-18 所示，激活剂 Pr^{3+}、Sm^{3+}、Tb^{3+}、Dy^{3+} 的激发波长为 254nm；Eu^{3+}、Ho^{3+}、Er^{3+}、Tm^{3+} 的激发波长为 356nm。

表 5-6 $(Gd,RE)_2O_2S$ 荧光粉的光致发光性能

样品	λ_{ex}/nm	λ_{em}/nm	QY/%	CIE(x,y)	寿命
$(Gd_{0.99}Pr_{0.01})_2O_2S$	300	513	25.1	(0.15,0.68)	2.36(0.01)μs
$(Gd_{0.99}Sm_{0.01})_2O_2S$	274	608	14.9	(0.60,0.39)	0.84(0.01)ms
$(Gd_{0.99}Eu_{0.05})_2O_2S$	338	625	23.6	(0.67,0.33)	0.83(0.01)ms
$(Gd_{0.99}Tb_{0.01})_2O_2S$	275	545	28.4	(0.33,0.57)	0.92(0.01)ms
$(Gd_{0.99}Dy_{0.01})_2O_2S$	265	626	9.8	(0.43,0.44)	1.09(0.01)ms
$(Gd_{0.99}Ho_{0.01})_2O_2S$	457	547	7.8	(0.30,0.69)	0.69(0.01)ms
$(Gd_{0.99}Er_{0.01})_2O_2S$	381	549	17.5	(0.30,0.66)	0.58(0.01)ms
$(Gd_{0.99}Tm_{0.01})_2O_2S$	364	457	6.3	(0.16,0.08)	0.56(0.01)ms

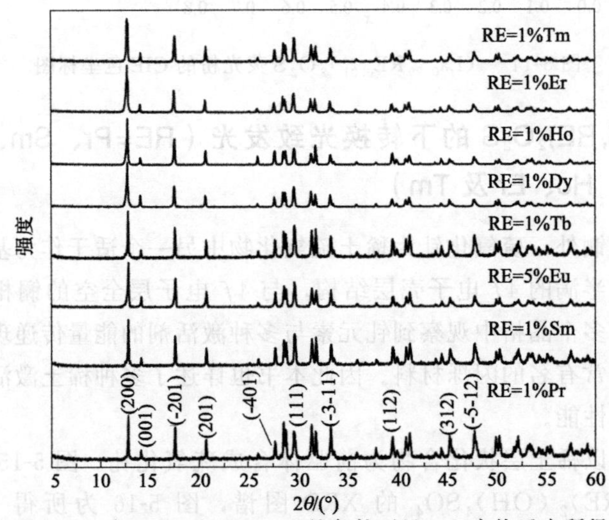

图 5-15 在 150℃和 pH=10 的条件下经 24h 水热反应所得 $(Gd,RE)_2(OH)_4SO_4$ 的 XRD 图谱

图中为原子数分数

与 $(La,Pr)_2O_2S$ 相似，$(Gd,Pr)_2O_2S$ 的激发光谱中可观察到位于 267nm 和 300nm 的 Pr^{3+} 的 $f\rightarrow d$ 跃迁。与 $(La,Pr)_2O_2S$ 不同的是，在 275nm 处还观察到 Gd^{3+} 的 $^8S_{7/2}\rightarrow{}^6I_J$ 跃迁（与 267nm 处的 $f\rightarrow d$ 跃迁发生一定重合）。同时，La_2O_2S 中 Pr^{3+} 的 267nm $f\rightarrow d$ 跃迁强于 300nm 处的跃迁，而在 Gd_2O_2S 中 300nm 处的激发峰最强。300nm 紫外光激发下 Pr^{3+} 呈现出与其在 La_2O_2S 中相似的荧光发射，但主发射峰位于 513nm 处，与 $(La,Pr)_2O_2S$（508nm）相比发生了红移。上述激发/发射现象与 Pr^{3+} 能级在两种晶格中的不同劈裂程度有关。

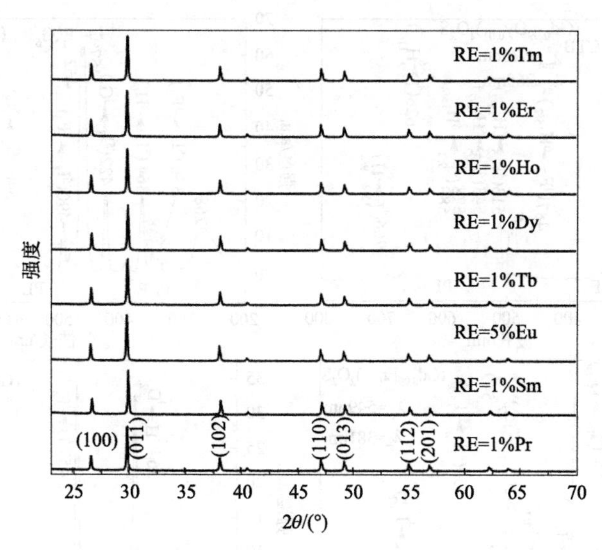

图 5-16　H_2 气氛中经 1200℃煅烧 1h 所得（Gd，RE）$_2O_2S$ 荧光粉的 XRD 图谱

图中为原子数分数

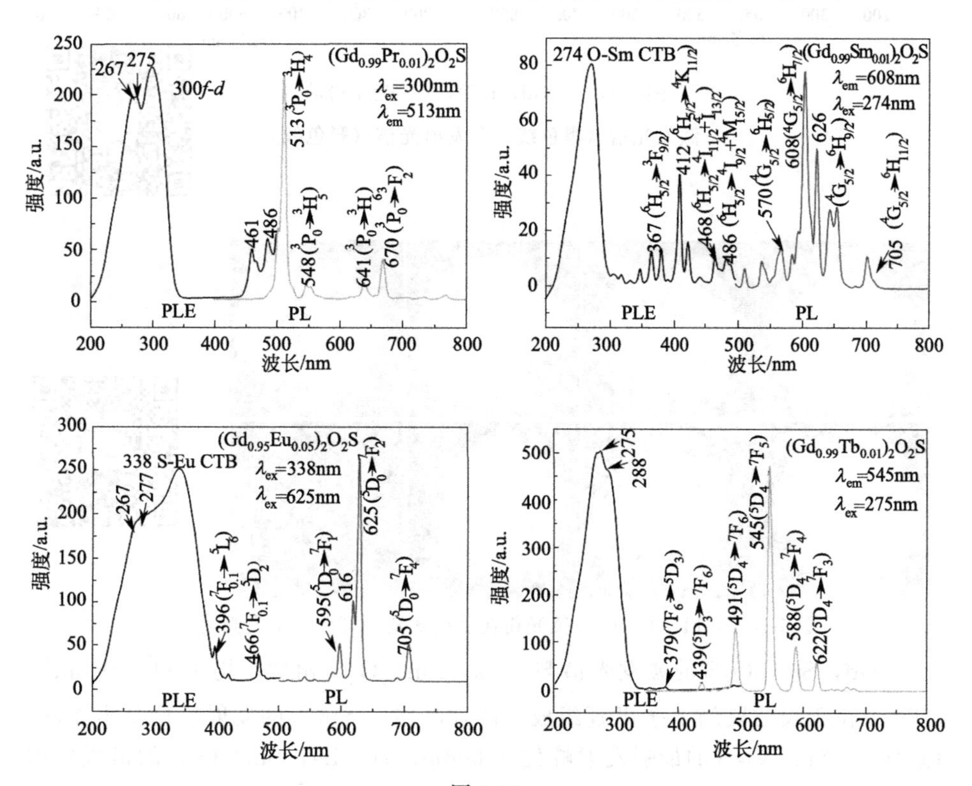

图 5-17

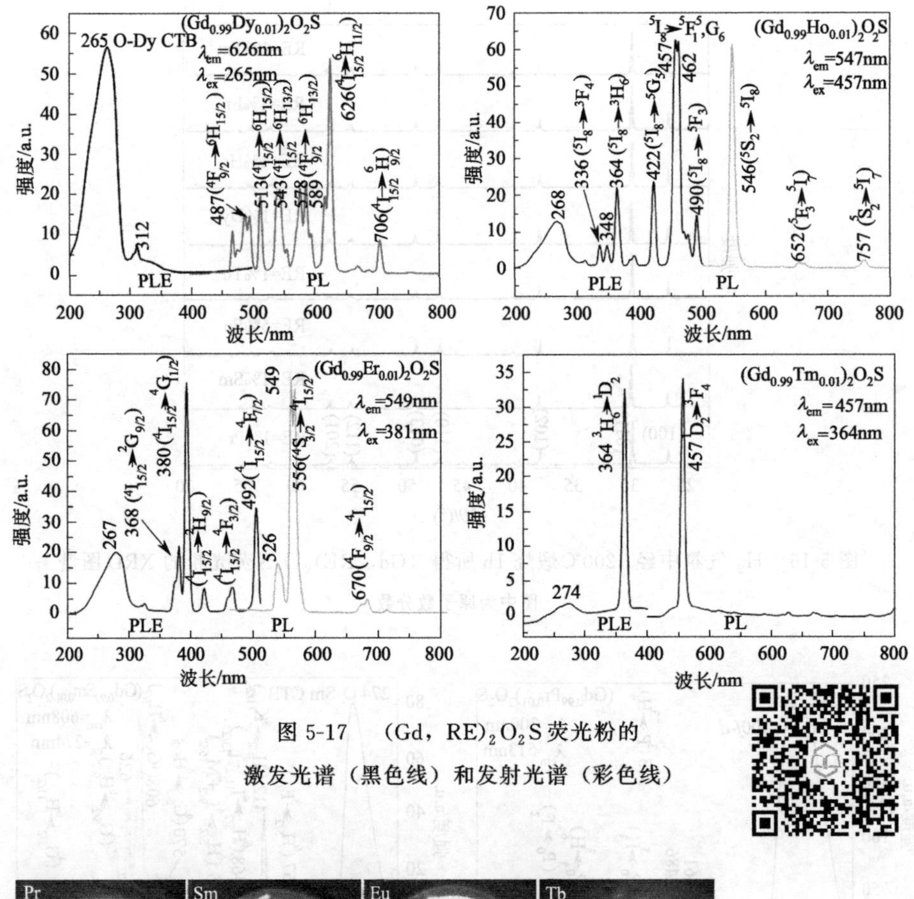

图 5-17 (Gd，RE)$_2$O$_2$S 荧光粉的激发光谱（黑色线）和发射光谱（彩色线）

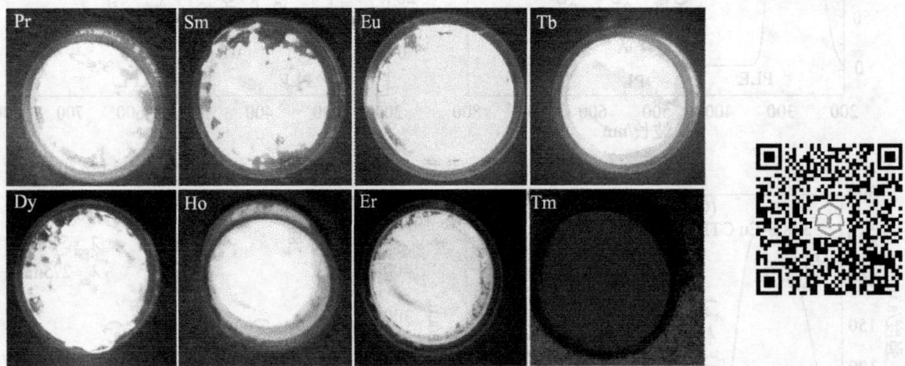

图 5-18 (Gd,RE)$_2$O$_2$S 荧光粉在手提式紫外灯照射下发光的外观

(Gd，Sm)$_2$O$_2$S 的激发光谱与（La，Sm)$_2$O$_2$S 相似，均由 $O^{2-}\rightarrow Sm^{3+}$ CTB 及位于长波段的 f-f 跃迁组成。两种晶格中 Sm^{3+} 的发射峰位基本相同，但（Gd，Sm)$_2$O$_2$S 的最强发射峰位于 608nm 而（La，Sm)$_2$O$_2$S 的最强发射峰位于 625nm，这与 Sm^{3+} 能级受晶体场的影响程度有关。

$(Gd,Eu)_2O_2S$的激发和发射光谱均与（La，Eu)$_2O_2S$相似，但前者激发谱中可观察到位于277nm的Gd^{3+}的$^8S_{7/2}$→^6I_J跃迁。该跃迁与O^{2-}→Eu^{3+} CTB发生一定程度重合。

$(Gd,Tb)_2O_2S$的激发光谱与（La，Tb)$_2O_2S$相似，但前者275nm处的激发带由Tb^{3+}的f-d跃迁和Gd^{3+}的$^8S_{7/2}$→^6I_J跃迁重叠而成。在275nm激发下Tb^{3+}除了呈现与其在La_2O_2S中相同的$^5D_4$→^7F_J（J=3～6）跃迁外还可观察到$^5D_3$→^7F_J跃迁。这是因为Gd_2O_2S的带隙宽度大于La_2O_2S的，故Tb^{3+}的$^5D_3$能级在Gd_2O_2S中距导带底较远。

$(Gd,Dy)_2O_2S$的激发光谱由位于265nm处的O^{2-}→Dy^{3+} CTB和位于312nm处的Gd^{3+}的$^8S_{7/2}$→^6P_J跃迁组成。在265nm激发下$(Gd,Dy)_2O_2S$的发射峰位与（La，Dy)$_2O_2S$相似，但各发射峰的相对强度差别很大，前者的主发射位于626nm处（红光，$^4I_{15/2}$→$^6H_{11/2}$跃迁）而后者的主发射位于577nm（黄光，$^4F_{9/2}$→$^6H_{13/2}$跃迁）。主要的原因可能是两晶格的共价性和声子能量不同，从而影响受激电子与声子耦合和受激电子的交叉弛豫。

Ho^{3+}、Er^{3+}和Tm^{3+}在Gd_2O_2S中的激发和发射行为均与其在La_2O_2S中相似，但发光强度低于其在La_2O_2S中的发光强度。可能的原因是（La，RE)—(O/S）化学键的共价性高于(Gd,RE)—(O/S)，故电子云在La_2O_2S晶格中重叠范围更大，从而提高了电子跃迁概率。

$(Gd,RE)_2O_2S$荧光粉（RE＝Pr、Sm、Eu、Tb、Dy、Ho、Er及Tm）主发射峰的荧光衰变曲线均可用式(5-1）进行单指数拟合（图5-19）。

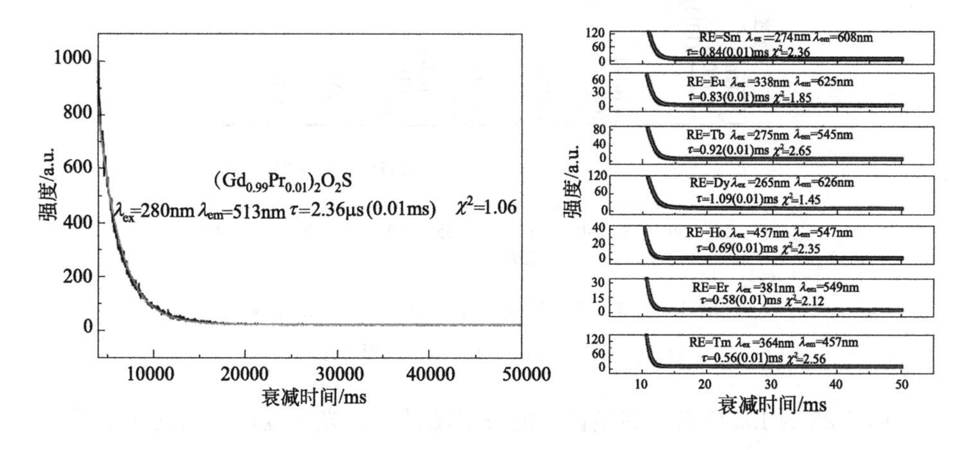

图5-19 $(Gd,RE)_2O_2S$荧光粉主发射峰的单指数衰减曲线

5.6 稀土硫氧化物的上转换发光

图 5-20 是（$La_{0.97}RE_{0.01}Yb_{0.02}$）$_2$（$OH$）$_4SO_4$ · nH_2O 的 XRD 图谱，图 5-21 是 H_2/N_2 气氛中经 1200℃煅烧 1h 所得（$La_{0.97}RE_{0.01}Yb_{0.02}$）$_2O_2S$ 的 XRD 图谱。

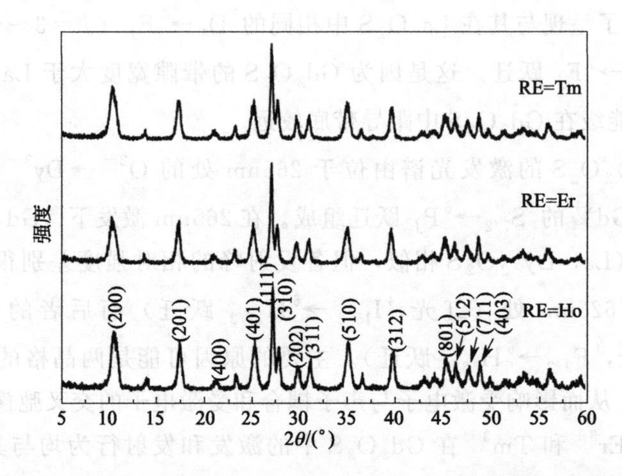

图 5-20 （$La_{0.97}RE_{0.01}Yb_{0.02}$）$_2$（$OH$）$_4SO_4$ · nH_2O 的 XRD 图谱

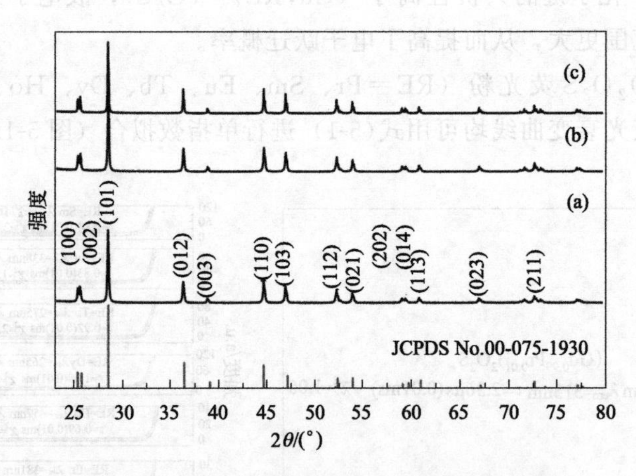

图 5-21 H_2/N_2 气氛中经 1200℃煅烧 1h 所得（$La_{0.97}RE_{0.01}Yb_{0.02}$）$_2O_2S$ 的 XRD 图谱

图 5-22 为 La_2O_2S 上转换体系的发射图谱及发光强度与泵浦功率的关系，P 为激发功率（W），I 为特定发射峰的相对强度。（$La_{0.97}Ho_{0.01}Yb_{0.02}$）$_2O_2S$ 在 978nm 近红外激光激发下呈现位于 546nm、658nm 和 763nm 处的三组发射

峰，分别对应于 Ho^{3+} 的 $^5F_4 \rightarrow {}^5I_8$、$^5F_5 \rightarrow {}^5I_8$ 和 $^5I_4 \rightarrow {}^5I_8$ 跃迁。由发射强度与功率的关系可知该三种上转换发光均可用三光子机制解释。

La_2O_2S 晶格中 Er^{3+} 在 Yb^{3+} 敏化下的上转换发光不同于 $La_2O_2SO_4$ 晶格。除观察到相似的跃迁发射外，在 807nm 和 858nm 处还额外观察到 Er^{3+} 的 $^4I_{9/2} \rightarrow {}^4I_{15/2}$ 和 $^4S_{3/2} \rightarrow {}^4I_{13/2}$ 跃迁。可能的原因是两种晶格中的声子能量和对称性不同。目前有较多文献报道 RE_2O_2S 的平均声子能量约为 $520cm^{-1}$[119]，但无 $RE_2O_2SO_4$ 体系的相关报道。由泵浦功率和发射峰强度的关系可知，除位于 527nm 处的 $^2H_{11/2} \rightarrow {}^4I_{15/2}$ 上转换发光可用三光子机制解释外，其余发光均对应于二光子机制。

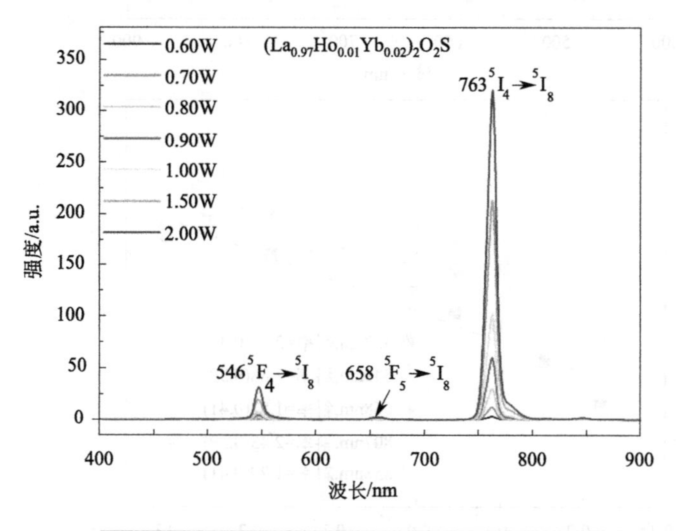

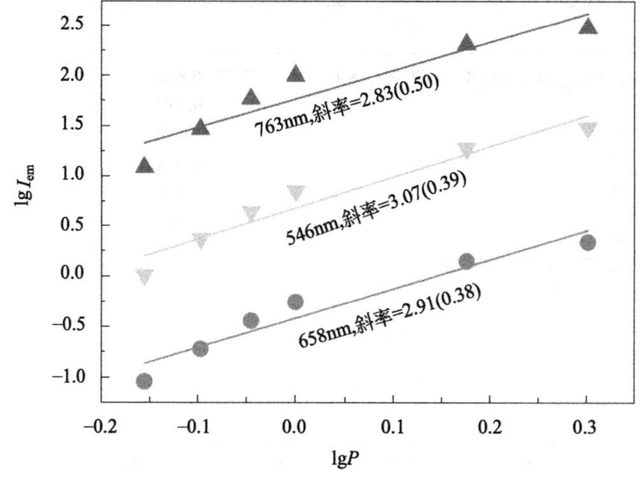

图 5-22

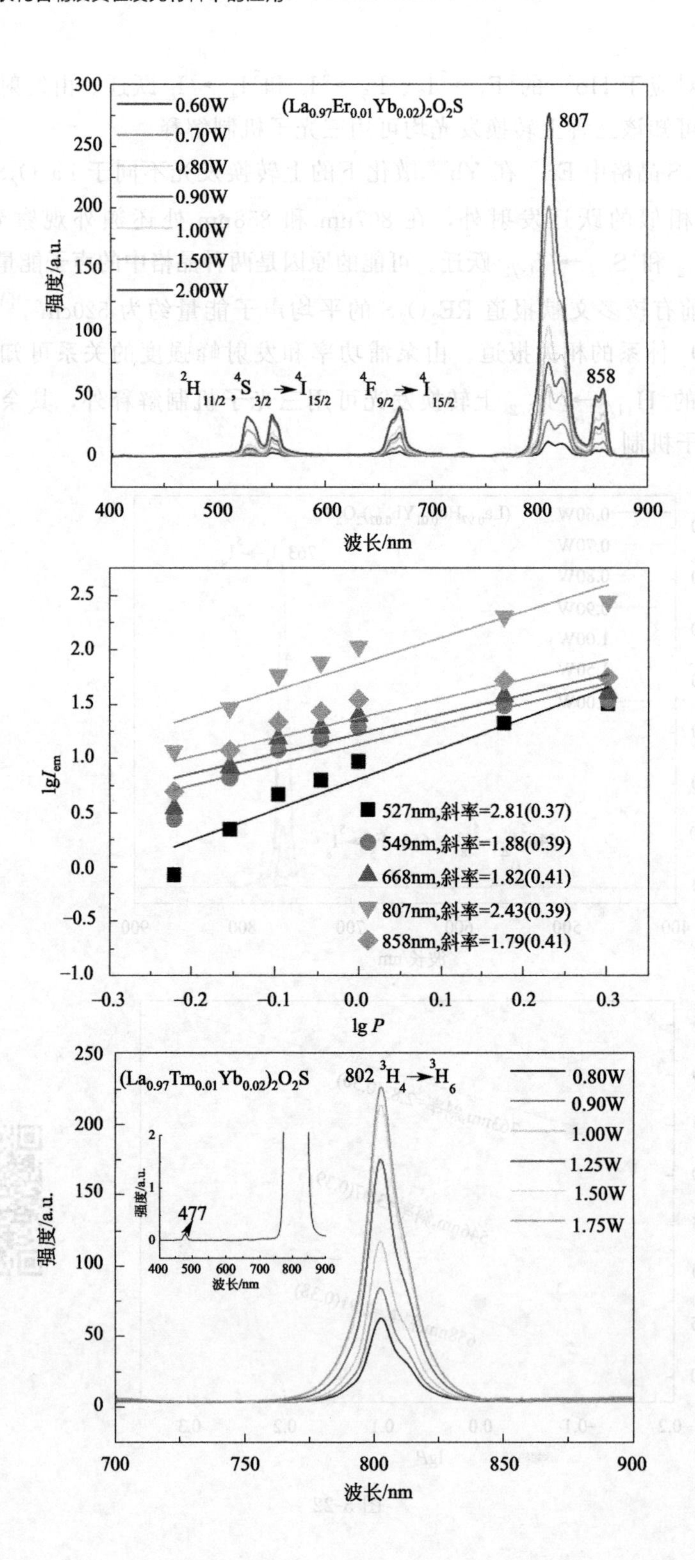

0.60W
0.70W
0.80W
0.90W
1.00W
1.50W
2.00W
(La0.97Er0.01Yb0.02)2O2S
807
858
2H11/2, 4S3/2 → 4I15/2
4F9/2 → 4I15/2
强度/a.u.
波长/nm
lgIem
lg P
527nm,斜率=2.81(0.37)
549nm,斜率=1.88(0.39)
668nm,斜率=1.82(0.41)
807nm,斜率=2.43(0.39)
858nm,斜率=1.79(0.41)
(La0.97Tm0.01Yb0.02)2O2S
802 3H4 → 3H6
0.80W
0.90W
1.00W
1.25W
1.50W
1.75W
477
强度/a.u.
波长/nm

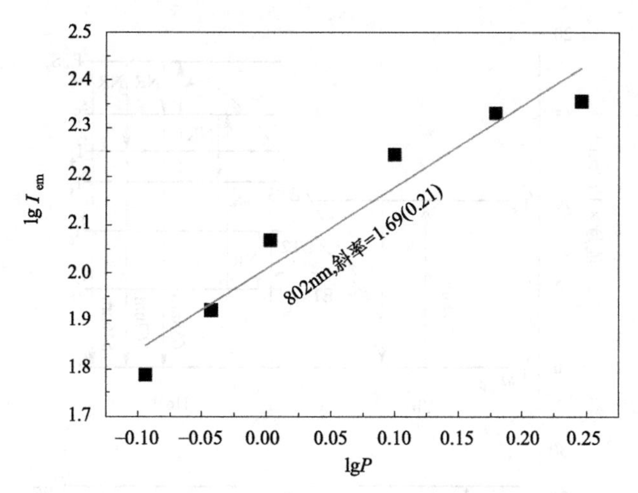

图 5-22　$(La_{0.97}RE_{0.01}Yb_{0.02})_2O_2S$ 荧光粉的上转换发射光谱（上）及 lg$I$-lg$P$ 关系图（下）

$(La_{0.97}Tm_{0.01}Yb_{0.02})_2O_2S$ 的上转换发射光谱与 $(La_{0.97}Tm_{0.01}Yb_{0.02})_2O_2SO_4$ 相似，位于802nm处的近红外光发射最强而477nm处的蓝光发射严重猝灭。发现 Tm^{3+} 的 $^3H_4 \rightarrow {}^3H_6$ 上转换发光（802nm）为二光子机制。

图5-23为 $(La_{0.97}RE_{0.01}Yb_{0.02})_2O_2S$（RE＝Ho，Er，Tm）上转换发光机理示意图，ET和NR分别代表能量传递和无辐射跃迁。$(La_{0.97}Ho_{0.01}Yb_{0.02})_2O_2S$ 的 $^5F_4 \rightarrow {}^5I_8$（546nm）、$^5F_5 \rightarrow {}^5I_8$（658nm）和 $^5I_4 \rightarrow {}^5I_8$（763nm）跃迁均可用三光子机制解释，与 $(La_{0.97}Ho_{0.01}Yb_{0.02})_2O_2SO_4$ 相似，不再赘述。

$(La_{0.97}Er_{0.01}Yb_{0.02})_2O_2S$ 的 $^2H_{11/2} \rightarrow {}^4I_{15/2}$（527nm）上转换发光为三光子机制，与 $(La_{0.97}Er_{0.01}Yb_{0.02})_2O_2SO_4$ 相似。其余跃迁发光可用二光子机制解释如下：在978nm激光激发下 Yb^{3+} 电子从基态 $^2F_{7/2}$ 跃迁至 $^2F_{5/2}$ 激发态 [$^2F_{7/2}(Yb^{3+})+h\nu(978nm) \rightarrow {}^2F_{5/2}(Yb^{3+})$，ESA]。$Er^{3+}$ 可通过激发态吸收使电子从基态跃迁至 $^4I_{11/2}$ 能级 [$^4I_{15/2}(Er^{3+})+h\nu(978nm) \rightarrow {}^4I_{11/2}(Er^{3+})$] 或通过 Yb^{3+} 的能量传递跃迁至 $^4I_{11/2}$ 能级 [$^2F_{5/2}(Yb^{3+})+{}^4I_{15/2}(Er^{3+}) \rightarrow {}^2F_{7/2}(Yb^{3+})+{}^4I_{11/2}(Er^{3+})$，ET1]，但后一过程往往起主导作用。$^4I_{11/2}$ 能级上的电子非辐射弛豫至 $^4I_{13/2}$ 能级 [$^4I_{11/2}(Er^{3+}) \sim {}^4I_{13/2}(Er^{3+})$，NR] 后吸收第二个光子进而跃迁至 $^4F_{7/2}$ 能级 [$^2F_{5/2}(Yb^{3+})+{}^4I_{13/2}(Er^{3+}) \rightarrow {}^2F_{7/2}(Yb^{3+})+{}^4F_{7/2}(Er^{3+})$，ET2]。处于 $^4F_{7/2}$ 能级的电子弛豫至 $^4S_{3/2}$，$^4F_{9/2}$ 和 $^4I_{9/2}$ 能级，并在回迁至基态 $^4I_{15/2}$ 时产生549nm，667nm和807nm上转换发光。另外，部分电子由 $^4F_{7/2}$ 能级弛豫至 $^4S_{3/2}$ 后再回迁至 $^4I_{13/2}$ 能级，从而

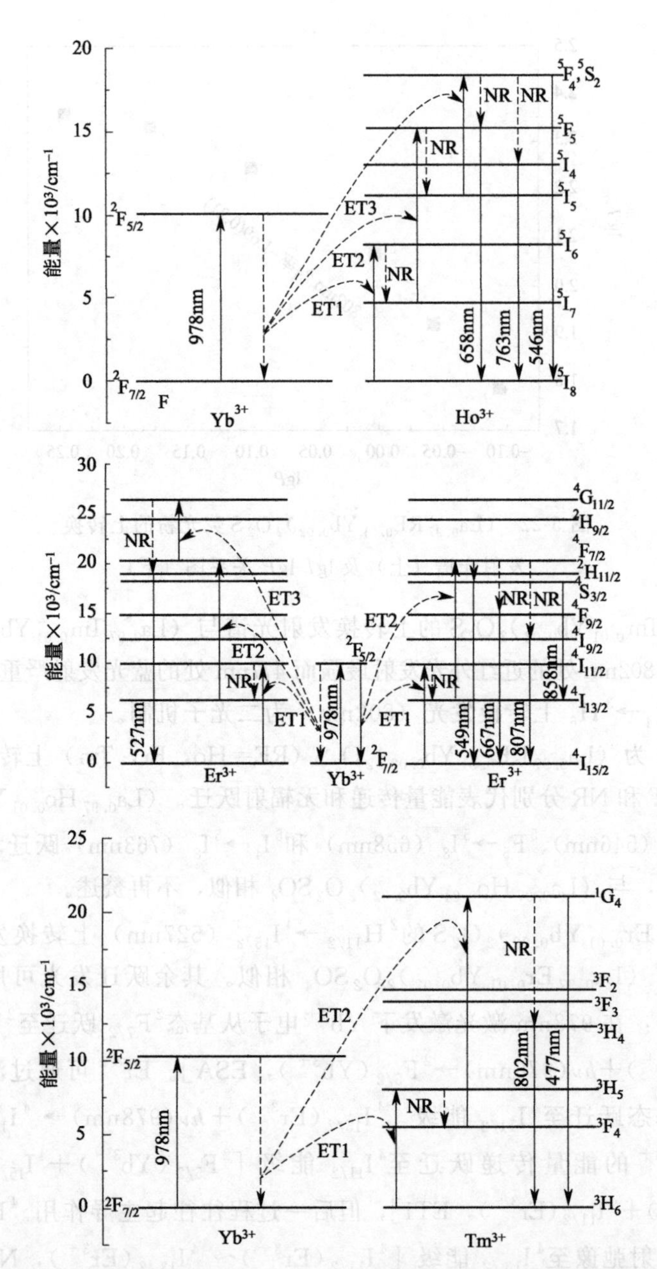

图 5-23 $(La_{0.97}RE_{0.01}Yb_{0.02})_2O_2S$ 荧光粉的能级图和上转换机理

产生位于858nm处的发射。

有关 $(La_{0.97}Tm_{0.01}Yb_{0.02})_2O_2S$ 上转换发光的报道甚少，故本节参照其他Yb/Tm共掺杂体系[125]的两光子机制进行分析。Yb^{3+} 电子在978nm激发下从基态$^2F_{7/2}$跃迁至$^2F_{5/2}$激发态 [$^2F_{7/2}(Yb^{3+}) + h\nu(978nm) \rightarrow$ $^2F_{5/2}(Yb^{3+})$，ESA]，在回迁至基态时将能量传递给相邻的Tm^{3+}并使其电子从基态（$^3H_6$）跃迁至$^3H_5$能级 [$^2F_{5/2}(Yb^{3+}) + ^3H_6(Tm^{3+}) \rightarrow ^2F_{7/2}(Yb^{3+}) +$ $^3H_5(Tm^{3+})$，ET1]。$^3H_5$能级上的电子经无辐射弛豫至亚稳能级$^3F_4$ [$^3H_5(Tm^{3+}) \sim ^3F_4(Tm^{3+})$，NR] 后发生第二次能量传递并使$Tm^{3+}$电子由$^3F_4$能级跃迁至$^1G_4$能级 [$^2F_{5/2}(Yb^{3+}) + ^3F_4(Tm^{3+}) \rightarrow ^2F_{7/2}(Yb^{3+}) + ^1G_4(Tm^{3+})$，ET2]。处于激发态$^1G_4$的电子回迁至$^3H_6$的过程中产生了位于477nm处的蓝光发射，而部分处于$^1G_4$能级上的电子弛豫至$^3H_4$后回迁至基态并产生位于802nm处的近红外发射。

5.7 稀土硫氧化物的阴极射线发光

$(Gd_{0.99}Tb_{0.01})_2O_2S$(GOS:Pr)和$(Gd_{0.99}Pr_{0.01})_2O_2S$(GOS:Tb）是应用非常广泛的X射线增感屏和场发射显示器（FED）用荧光粉，具有热稳定性和化学稳定性好、效率高等优点。因此本节研究了这两种荧光粉的阴极射线发光性能。

图5-24(a）为加速电压固定在3kV时电流对GOS:Tb发光性能的影响，而图5-24(b）为电流固定在25μA时加速电压的影响。图5-24(c）和（d）分别为发光亮度随电流和电压的变化趋势。从图中可以看出，在阴极射线激发下样品的发射光谱与在紫外光激发下所得结果相似（图5-17），均由Tb^{3+}的$^5D_4 \rightarrow ^7F_J$（$J=4\sim6$）和$^5D_3 \rightarrow ^7F_J$（$J=3\sim6$）跃迁发光组成。阴极射线发光中激活剂通过入射电子产生的等离子而被激发。电流增大会产生更多的等离子，因此发光强度和亮度均随电流增大而增强。在电压和电流分别为3kV和50μA时样品的发光亮度达约900cd/m^2。电子束在样品中的穿透深度随加速电压升高而增大，使更多发光中心被激发，因此发光强度和亮度均显著增大。电子的穿透深度可通过式(5-5）进行计算[126,127]：

$$L[\text{Å}] = 250(A/\rho)(E/Z^{1/2})^n \tag{5-5}$$

式中 $L[\text{Å}]$——电子的穿透深度，Å；

A——荧光粉的分子量；

ρ——荧光粉的密度，g/cm^3；

E——电压，V；

Z——荧光粉中原子或电子数；

n——幂，由式(5-6）计算得到。

$$n = 1.2/(1 - 0.29\lg Z) \tag{5-6}$$

式中 Z——荧光粉中原子或电子数。

计算结果表明当加速电压由 1kV 升高至 7kV 时电子的穿透深度会由 2.97Å 增大至 1829.23Å。

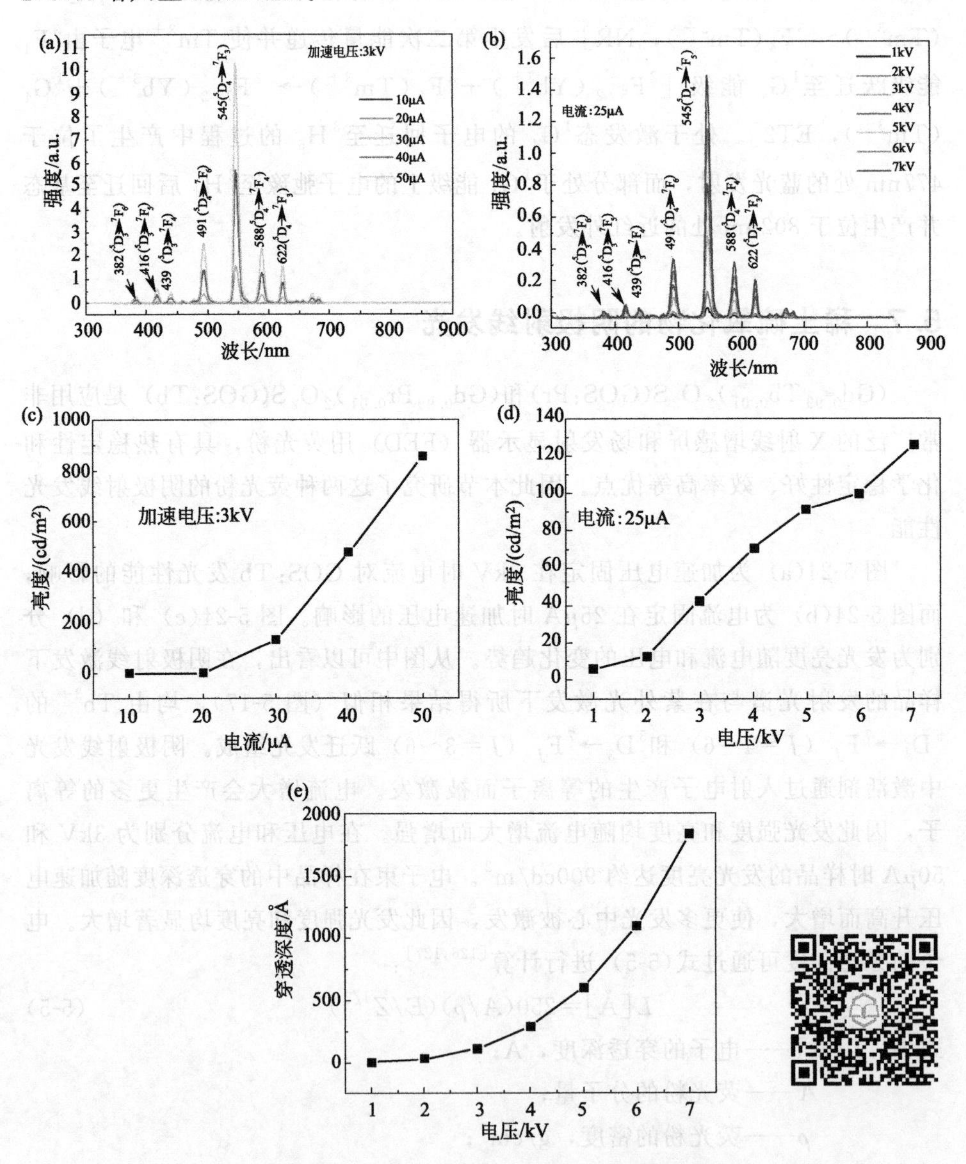

图 5-24 $(Gd_{0.99}Tb_{0.01})_2O_2S$ 绿色荧光粉的阴极射线发光光谱 (a)，(b) 和发光亮度 (c)，(d) 及加速电压对电子穿透深度的影响 (e)

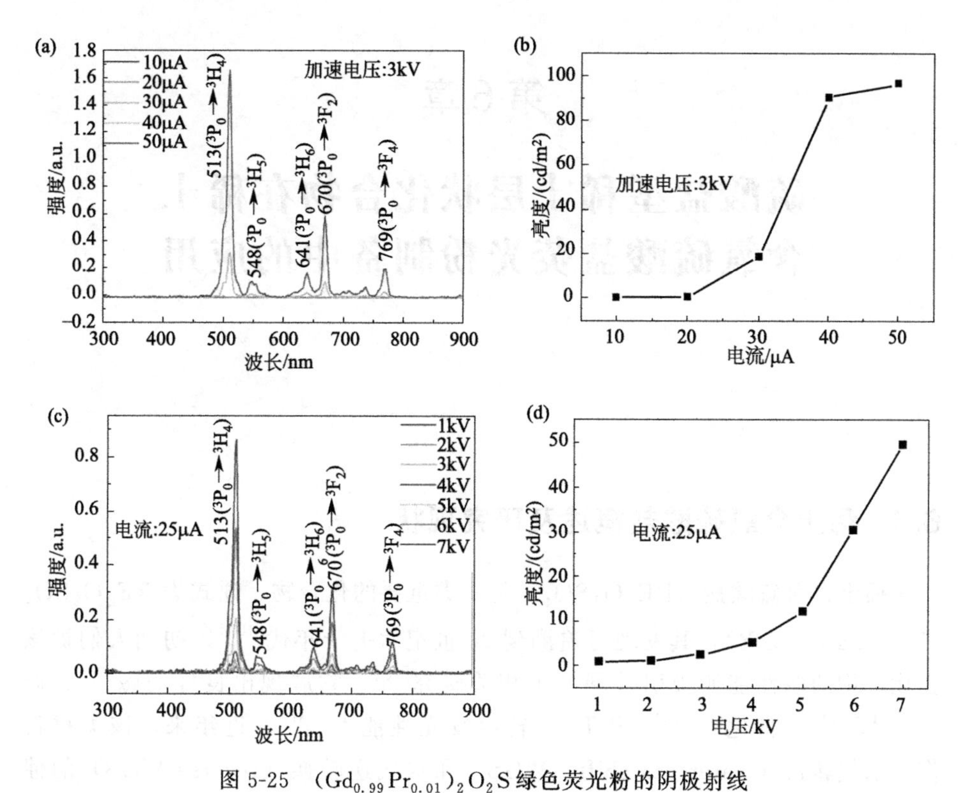

图 5-25　$(Gd_{0.99}Pr_{0.01})_2O_2S$ 绿色荧光粉的阴极射线发光光谱（a），（c）和发光亮度（b），（d）

图 5-25 为 GOS：Pr 荧光粉的发光性能与加速电压和电流之间的关系。由发射光谱［图 5-25(a) 和 (c)］可以看出 GOS：Pr 在阴极射线激发下的发射光谱与其在紫外光激发下所得结果基本相同（图 5-17）。发光强度和亮度同样随着加速电压或电流的增大而增强。以上分析说明研究范围内 GOS：Tb 和 GOS：Pr 荧光粉在电子束轰击下结构稳定且发光性能良好。

第6章

硫酸盐型稀土层状化合物在稀土含氧硫酸盐荧光粉制备中的应用

6.1 稀土含氧硫酸盐概述及研究现状

稀土含氧硫酸盐（$RE_2O_2SO_4$）是一类重要的化合物，通式为 $RE_2O_2SO_4$（RE＝La-Lu及Y），其发现可追溯到20世纪六七十年代[107]。初期人们被该类化合物的磁性能所吸引并展开了相关研究[76]。它展现出良好的磁[76]、储氧[75,128,129]、催化[130-132] 和下/上转换发光性能[133-137]。近年来，该类材料作为水气转换（water-gas shift，WGS）和水气逆转换（reverse WGS）的催化剂[138,139]、固体电解质[140]，尤其是作为新型储氧材料[75,141] 和发光基质[142-144] 得到了广泛关注。作为储氧材料，$RE_2O_2SO_4$ 首次实现了非金属元素（硫）作为氧化还原反应中心的转换。其储氧能力最大可达经典储氧材料 CeO_2-ZrO_2 的8倍以上[75]，但工作温度（一般高于700℃）高于传统储氧材料（一般在400℃左右）[141]。此外，稀土含氧硫酸盐具有吸氧能力强、耐 SO_x 腐蚀和抑制催化剂劣化等优点，可用作汽车废气净化催化剂。

1968年Haynes等人[145] 通过煅烧商业稀土硫酸盐制备出了 $La_2O_2SO_4$ 和 $Gd_2O_2SO_4$。1997年Zhukov等人[74] 采用同样方法获得了 $La_2O_2SO_4$，并通过中子衍射、电子衍射和X射线衍射研究了晶体结构，指出其属于轴线角约为107°的单斜晶系。2006年Sakurai等人[134] 以 Y_2O_3 和 CS_2 为原料，经高能球磨和后续煅烧得到了 $Y_2O_2SO_4$ 并研究了 Eu^{3+} 在该晶格中的X射线激发发光性能。2007年Machida等人[75] 采用煅烧稀土硫酸盐的方法制备出了 $RE_2O_2SO_4$（RE＝La、Pr、Nd、Sm）并研究了其储氧性能。2008～2009年Kijima等人[133,146] 以稀土硝酸盐、十二烷基磺酸钠和硫酸钠等为原料，经煅烧得到了 $Y_2O_2SO_4$ 并研究了 Eu^{3+} 和 Tb^{3+} 在该晶格中的光致发光行为。2014

年 Liu 等人[137] 以稀土硝酸盐和一种含硫氨基酸为原料获得了 $Y_2O_2SO_4$ 球形颗粒并首次研究了 Yb/Er 在该晶格中的上转换发光性能。2016 年 Yang 等人[147] 采用固相反应合成了 Ag-$Pr_2O_2SO_4$，发现该复合材料可提高固体氧化物燃料电池阴极的氧化还原反应效率。$RE_2O_2SO_4$ 的上述制备方法常常存在产物形貌不易调控和副产物对环境有害等问题。2009 年 Lian 等人[142] 以稀土硝酸盐和硫酸铵为原料，采用沉淀法合成了一类非晶前驱体并通过后续煅烧合成了 $Gd_2O_2SO_4$。2010 年 Sasaki 课题组[14] 合成了硫酸盐型层状氢氧化物 $RE_2(OH)_4SO_4 \cdot nH_2O$（RE-241，RE＝Pr-Tb），并将其在空气中于 1000℃下煅烧，通过脱水和脱羟基反应制备了 $RE_2O_2SO_4$。后两种方法均未涉及环境有害的原料和副产物，是绿色环保的制备途径。本节详细叙述了以含结晶水的硫酸盐型稀土层状化合物 $RE_2(OH)_4SO_4 \cdot nH_2O$（RE-241，RE＝La-Dy）和无水硫酸盐层状氢氧化物 $RE_2(OH)_4SO_4$（RE＝Ho-Lu）为前驱体实现 $RE_2O_2SO_4$ 在全谱稀土元素范围内的可控合成（RE＝La-Lu 及 Y）。

6.2　稀土含氧硫酸盐的结构

目前对于稀土含氧硫酸盐晶体结构的研究尚不全面，仅停留在某些元素上，如 $La_2O_2SO_4$[74] 和 $Gd_2O_2SO_4$[76] 等。在全谱镧系元素范围内针对 $RE_2O_2SO_4$ 的结构研究还未见报道，因而对其是否为同构物质尚无统一认知。就目前的报道来看，稀土含氧硫酸盐具有两种晶体结构，分属单斜和正交晶系。现以研究最为充分的 $La_2O_2SO_4$ 为例说明其晶体结构及稀土离子配位（图 6-1，其中灰色、红色和黄色球分别代表 La、O 和 S 原子）。目前多认为

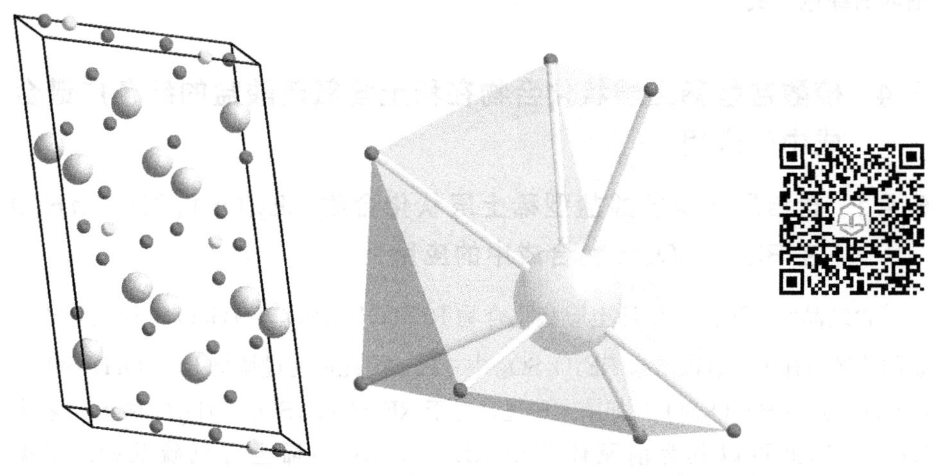

图 6-1　$La_2O_2SO_4$ 的单斜结构及 LaO_7 配位多面体示意图

$La_2O_2SO_4$ 属单斜晶系，其空间群为 $C2/c$，每个晶胞包含 8 个 La 原子。每个 La 原子与 7 个氧原子组成七配位多面体。在该结构中 La 占据 C_1 格位，对称性低于六方硫氧化物中的 C_{3v} 格位。在长程结构上，$RE_2O_2SO_4$ 可被看作是 $RE_2O_2^{2+}$ 层与 SO_4^{2-} 层沿 a 轴的交替堆垛，也正是这一层状特性赋予了其良好的储氧性能。

6.3 稀土含氧硫酸盐的合成方法

$RE_2O_2SO_4$ 是 $RE_2(SO_4)_3$ 或 $RE_2(SO_4)_3 \cdot 8H_2O$ 加热分解的中间产物，因此直接煅烧商业硫酸盐是获得该类材料的常见方法[75]。另外，研究人员也探索出一些其他合成方法如固相反应[148]和控制氧化 RE_2S_3[149]等以制备该类化合物。但是稀土硫酸盐存在提纯困难、原料成本较高、溶解度较低等问题，且以上方法难以对产物形貌进行有效调控。2014 年 Chen 等人采用生物分子辅助水热法制备出了形貌为空心球的该类化合物[150]。近期，也有研究人员采用沉淀法合成一类非晶前驱体并通过后续煅烧制备出该类化合物[142]。2010 年 Sasaki 课题组[14]通过空气中煅烧硫酸盐型层状化合物 $RE_2(OH)_4SO_4 \cdot nH_2O$ 而得到了 $RE_2O_2SO_4$（RE＝Pr-Tb）。该方法在煅烧过程中的副产物仅为水蒸气，是一种环保简易的合成方法。本节详述了以水热反应合成的 $RE_2(OH)_4SO_4 \cdot nH_2O$（RE＝La-Dy）及无水层状氢氧化物 $RE_2(OH)_4SO_4$（RE＝Eu-Lu）为前驱体，巧妙利用该两类层状化合物的 RE∶S（物质的量比）与 $RE_2O_2SO_4$ 相同的特点，实现 $RE_2O_2SO_4$ 在全谱镧系元素（含钇）范围内的绿色合成。

6.4 硫酸盐型稀土层状化合物在稀土含氧硫酸盐的绿色广谱合成中的应用

6.4.1 含结晶水型硫酸盐型稀土层状化合物 $RE_2(OH)_4SO_4 \cdot nH_2O$ 在 $RE_2O_2SO_4$ 绿色合成中的应用

含结晶水型硫酸盐型稀土层状化合物 $RE_2(OH)_4SO_4 \cdot nH_2O$ 中稀土与硫元素的比例与稀土含氧硫酸盐 $RE_2O_2SO_4$ 中一致，因此可通过煅烧 $RE_2(OH)_4SO_4 \cdot nH_2O$ 以获得 $RE_2O_2SO_4$。如前文所述，对于 $RE_2(OH)_4SO_4 \cdot nH_2O$ 稀土元素为 La-Dy，因此可以其为前驱体获得 RE＝La-Dy 的稀土含氧硫酸盐。根据 $RE_2(OH)_4SO_4 \cdot nH_2O$ 的热分析结果选择 1000℃对 $RE_2(OH)_4SO_4 \cdot nH_2O$

进行煅烧，所得产物的 XRD 图谱见图 6-2。根据文献［128，129，133］报道和后续 Rietveld 分析可知煅烧产物均为纯相 $RE_2O_2SO_4$。值得注意的是 $Sm_2O_2SO_4$ 和 $Eu_2O_2SO_4$ 的 XRD 衍射峰的相对强度与其他产物明显不同。这与颗粒形貌和结晶习性有关。$RE_2O_2SO_4$ 的结构可视为由 $RE_2O_2^{2+}$ 和 SO_4^{2-} 沿 a 轴交替堆垛而成。$Sm_2O_2SO_4$ 和 $Eu_2O_2SO_4$ 很好地继承了其前驱体的显著板片状形貌（图 6-3），故 XRD 检测时微米板片倾向于平躺在样品台表面而具有显著取向性，使（200）衍射更为显著。与其他产物相比，$Pr_2O_2SO_4$ 和 $Nd_2O_2SO_4$ 的（200）衍射也呈现出较高的相对强度，这也与其片层状形貌相关。在获取 Rietveld 精修所需 XRD 数据时如果预先对样品进行了充分研磨以尽量避免取向性的影响，所得 XRD 图谱的确未再呈现明显取向性（图 6-4）。这也进一步证明了此处所观察到的衍射峰相对强度的不同是由板片状形貌引起的。

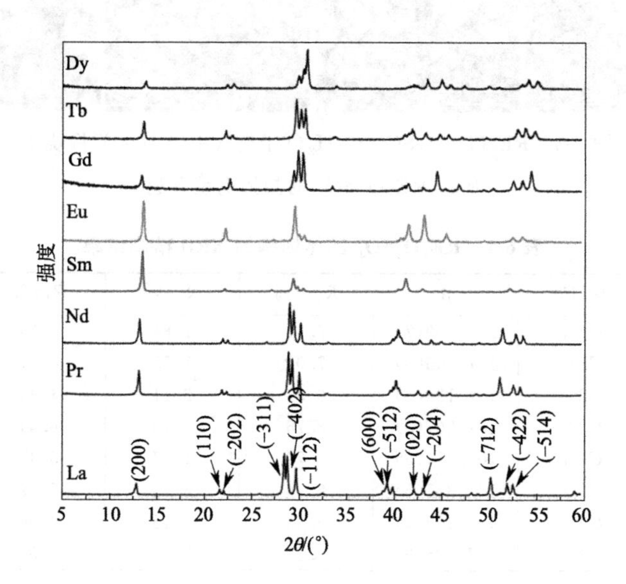

图 6-2　$RE_2(OH)_4SO_4 \cdot nH_2O$ 于空气中经 1000℃煅烧 1h 所得 $RE_2O_2SO_4$ 的 XRD 图谱

以 $La_2O_2SO_4$ 的晶体结构为模型，可对其他含氧硫酸盐进行结构精修，结果表明其均属于空间群为 $C2/c$ 的单斜晶系，轴线角约为 107°。主要精修参数和精修结果见表 6-1，所得 R 因子均小于 10%，说明拟合良好。$RE_2O_2SO_4$ 中各原子的坐标和热振系数可从表 6-2 中查阅，$RE_2O_2SO_4$ 的主要键长等信息可从表 6-3 中查阅。

图 6-3 $RE_2(OH)_4SO_4 \cdot nH_2O$ 于空气中经 1000℃煅烧 1h 所得 $RE_2O_2SO_4$ 的扫描电镜形貌

表 6-1 $RE_2O_2SO_4$ 晶体结构的 XRD 精修结果

样品	空间群	β	$R_{wp}/\%$	$R_B/\%$	$R_P/\%$	χ^2
$La_2O_2SO_4$	$C2/c$	107.009(7)	7.90	1.84	5.34	1.32
$Pr_2O_2SO_4$	$C2/c$	107.105(5)	7.07	1.73	4.77	1.69
$Nd_2O_2SO_4$	$C2/c$	107.134(3)	6.37	2.11	4.44	3.01
$Sm_2O_2SO_4$	$C2/c$	107.267(3)	8.76	3.10	6.41	1.91
$Eu_2O_2SO_4$	$C2/c$	107.311(5)	7.75	1.97	5.47	1.71
$Gd_2O_2SO_4$	$C2/c$	107.339(5)	6.78	2.13	5.09	1.29
$Tb_2O_2SO_4$	$C2/c$	107.265(9)	6.39	1.15	4.80	1.44
$Dy_2O_2SO_4$	$C2/c$	107.485(6)	9.20	3.51	6.84	1.57

表 6-2 $RE_2O_2SO_4$ 的原子坐标和热振系数

项目	x	y	z	B_{iso}	Occ.
			$La_2O_2SO_4$		
La	0.16700(5)	0.5026(5)	0.0837(8)	0.21(6)	1
S	0	0.031(3)	0.25	1.5(1)	1
O1	0.2482(5)	0.026(4)	0.128(6)	1.0(1)	1
O2	0.007(1)	0.273(2)	0.107(1)	1.0(1)	1
O3	0.0871(6)	−0.134(2)	0.276(2)	1.0(1)	1

续表

项目	x	y	z	B_{iso}	Occ.
			$Pr_2O_2SO_4$		
Pr	0.16796(5)	0.5032(4)	0.0845(6)	0.12(5)	1
S	0	0.013(3)	0.25	1.9(1)	1
O1	0.2472(5)	0.019(4)	0.119(5)	1.2(1)	1
O2	−0.001(1)	0.272(1)	0.1019(9)	1.2(1)	1
O3	0.0906(5)	−0.130(2)	0.285(3)	1.2(1)	1
			$Nd_2O_2SO_4$		
Nd	0.16792(4)	0.5018(4)	0.0845(3)	0.27(4)	1
S	0	0.018(3)	0.25	2.0(1)	1
O1	0.2493(6)	0.020(3)	0.114(2)	1.4(1)	1
O2	0.0055(8)	0.275(2)	0.103(1)	1.4(1)	1
O3	0.0888(5)	−0.139(2)	0.310(2)	1.4(1)	1
			$Sm_2O_2SO_4$		
Sm	0.16893(6)	0.5034(6)	0.0854(2)	0.23(9)	1
S	0	0.031(4)	0.25	3.2(3)	1
O1	0.255(1)	0.027(5)	0.117(3)	1.0(2)	1
O2	0.012(1)	0.244(2)	0.105(3)	1.0(2)	1
O3	0.1001(8)	−0.139(3)	0.303(3)	1.0(2)	1
			$Eu_2O_2SO_4$		
Eu	0.16984(9)	0.5034(6)	0.0867(5)	0.2(1)	1
S	0	0.023(4)	0.25	2.6(3)	1
O1	0.248(1)	0.017(6)	0.117(4)	2.0(2)	1
O2	0.005(2)	0.251(2)	0.092(3)	2.0(2)	1
O3	0.0894(9)	−0.143(2)	0.314(3)	2.0(2)	1
			$Gd_2O_2SO_4$		
Gd	0.1698(1)	0.4974(9)	0.0845(3)	0.20(7)	1
S	0	0.037(3)	0.25	0.3(2)	1
O1	0.249(2)	0.009(8)	0.125(4)	1.0(2)	1
O2	−0.001(3)	0.264(3)	0.097(1)	1.0(2)	1
O3	0.083(1)	−0.137(3)	0.313(1)	1.0(2)	1
			$Tb_2O_2SO_4$		
Tb	0.1700(1)	0.4968(7)	0.0861(6)	0.22(8)	1
S	0	0.029(3)	0.25	1.5(2)	1
O1	0.244(1)	0.037(5)	0.111(4)	1.0(2)	1
O2	0.017(2)	0.277(2)	0.099(1)	1.0(2)	1
O3	0.086(1)	−0.159(3)	0.325(2)	1.0(2)	1

续表

项目	x	y	z	B_{iso}	Occ.
$Dy_2O_2SO_4$					
Dy	0.1702(2)	0.5013(7)	0.0835(3)	0.3(1)	1
S	0	0.040(3)	0.25	1.5(3)	1
O1	0.257(2)	0.056(5)	0.110(2)	1.0(3)	1
O2	0.027(2)	0.241(3)	0.104(2)	1.0(3)	1
O3	0.071(2)	−0.138(3)	0.308(2)	1.0(3)	1

表 6-3 $RE_2O_2SO_4$ 的主要键长 单位：Å

$La_2O_2SO_4$			
La—O1	2.33(2)	La—O2^{iv}	2.72(1)
La—O1^{i}	2.51(2)	La—O3^{i}	2.73(1)
La—O1^{ii}	2.43(3)	S—O2	1.61(1)
La—O1^{iii}	2.37(4)	S—O3	1.395(7)
La—O2	2.56(1)		
$Pr_2O_2SO_4$			
Pr—O1	2.32(2)	Pr—O2^{iv}	2.58(1)
Pr—O1^{i}	2.43(2)	Pr—O3^{i}	2.73(1)
Pr—O1^{ii}	2.34(3)	S—O2	1.64(1)
Pr—O1^{iii}	2.39(4)	S—O3	1.363(8)
Pr—O2	2.61(1)		
$Nd_2O_2SO_4$			
Nd—O1	2.31(1)	Nd—O2^{iv}	2.632(8)
Nd—O1^{i}	2.45(1)	Nd—O3^{v}	2.69(1)
Nd—O1^{ii}	2.26(1)	S—O2	1.65(1)
Nd—O1^{iii}	2.41(2)	S—O3	1.365(8)
Nd—O2	2.508(8)		
$Sm_2O_2SO_4$			
Sm—O1	2.30(2)	Sm—O2^{iv}	2.72(1)
Sm—O1^{i}	2.47(2)	Sm—O3^{i}	2.70(2)
Sm—O1^{ii}	2.21(2)	Sm—O3^{v}	2.69(2)
Sm—O1^{iii}	2.35(2)	S—O2	1.53(2)
Sm—O2	2.469(9)	S—O3	1.50(1)

续表

$Eu_2O_2SO_4$			
Eu—O1	2.28(2)	Eu—O2^{iv}	2.61(2)
Eu—O1^{i}	2.38(2)	Eu—O3^{i}	2.83(2)
Eu—O1^{ii}	2.26(2)	Eu—O3^{v}	2.64(2)
Eu—O1^{iii}	2.34(3)	S—O2	1.62(2)
Eu—O2	2.50(1)	S—O3	1.37(1)
$Gd_2O_2SO_4$			
Gd—O1	2.29(3)	Gd—O2^{iv}	2.54(3)
Gd—O1^{i}	2.37(3)	Gd—O3^{v}	2.64(1)
Gd—O1^{ii}	2.28(2)	S—O2	1.56(1)
Gd—O1^{iii}	2.29(3)	S—O3	1.31(2)
Gd—O2	2.54(3)		
$Tb_2O_2SO_4$			
Tb—O1	2.14(2)	Tb—O2^{iv}	2.69(2)
Tb—O1^{i}	2.45(2)	Tb—O3^{i}	2.89(1)
Tb—O1^{ii}	2.24(2)	Tb—O3^{v}	2.51(1)
Tb—O1^{iii}	2.38(3)	S—O2	1.67(1)
Tb—O2	2.29(2)	S—O3	1.38(1)
$Dy_2O_2SO_4$			
Dy—O1	2.17(2)	Dy—O2^{iv}	2.83(2)
Dy—O1^{i}	2.56(2)	Dy—O3^{v}	2.68(1)
Dy—O1^{ii}	2.08(2)	S—O2	1.57(2)
Dy—O1^{iii}	2.37(2)	S—O3	1.18(2)
Dy—O2	2.25(3)		

注：对称符号：(i) x，$y+1$，z；(ii) $-x+1/2$，$-y+1/2$，$-z$；(iii) $-x+1/2$，$y+1/2$，$-z+1/2$；(iv) $-x$，$-y+1$，$-z$；(v) x，$-y$，$z-1/2$。

6.4.2　无结晶水型硫酸盐型稀土层状化合物 $RE_2(OH)_4SO_4$ 在 $RE_2O_2SO_4$ 绿色合成中的应用

可以通过空气中煅烧 RE-241 获得了一系列 $RE_2O_2SO_4$（RE＝La-Dy，不含 Ce）。由于半径小于 Dy^{3+} 的其他稀土元素无 RE-241 化合物，故以无水硫酸盐型氢氧化物 $RE_2(OH)_4SO_4$ 为前驱体进行了 $RE_2O_2SO_4$ 的煅烧合成（RE＝Ho、Y、Er、Tm、Yb 和 Lu）。根据前述 $RE_2(OH)_4SO_4$ 的热分解行为，选

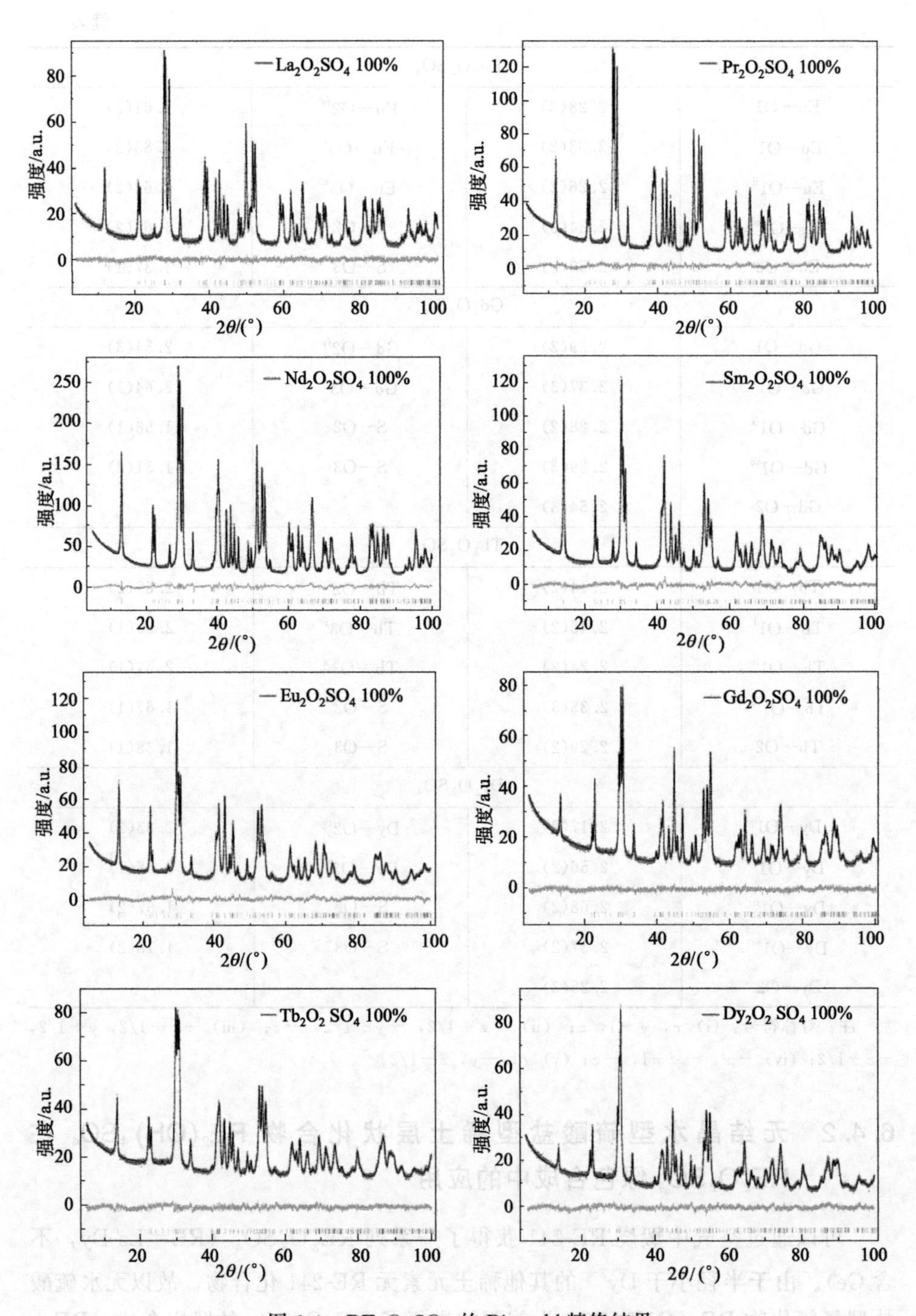

图 6-4 $RE_2O_2SO_4$ 的 Rietveld 精修结果

择800℃作为最佳煅烧温度。由XRD（图6-5）和FE-SEM（图6-6）分析结果可知所有产物均为$RE_2O_2SO_4$且基本保持了其相应前驱体的颗粒形貌。此前文献报道$Tm_2O_2SO_4$和$Yb_2O_2SO_4$在空气中存在的温度范围很窄，而$Lu_2O_2SO_4$不能稳定存在[107,151]。研究发现，虽然$Lu_2O_2SO_4$在一系列稀土含氧硫酸盐中存在的温度范围最窄，但经空气中适宜的煅烧，$Lu_2(OH)_4SO_4$可获得稳定的单斜相$Lu_2O_2SO_4$。以$La_2O_2SO_4$的晶体结构为模型，采用TOPAS软件对$RE_2O_2SO_4$（RE＝Ho-Lu）的XRD图谱进行了拟合，所得晶格参数、轴线角和晶胞体积等信息可从表6-4查阅。

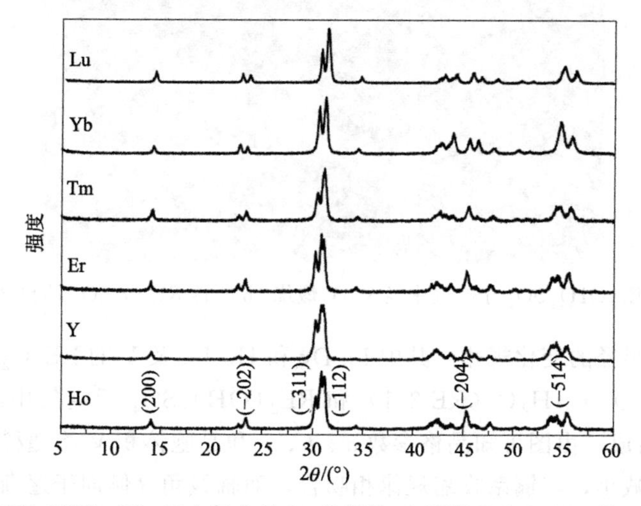

图6-5 $RE_2(OH)_4SO_4$于空气中经800℃煅烧1h所得$RE_2O_2SO_4$的XRD图谱

表6-4 $RE_2O_2SO_4$的晶格参数、轴线角β和晶胞体积

样品	空间群	a/Å	b/Å	c/Å	β/(°)	V/Å^3
$Y_2O_2SO_4$	$C2/c$	13.28060	4.14101	8.01535	107.37586	420.6891
$Ho_2O_2SO_4$	$C2/c$	13.29095	4.13503	8.00343	107.33061	419.8880
$Er_2O_2SO_4$	$C2/c$	13.24050	4.12850	7.98570	107.40241	416.5448
$Tm_2O_2SO_4$	$C2/c$	13.13456	4.11796	7.96315	107.42141	410.9500
$Yb_2O_2SO_4$	$C2/c$	13.07127	4.11533	7.96033	107.52067	408.3414
$Lu_2O_2SO_4$	$C2/c$	13.03953	4.10384	7.92854	107.51196	404.6106

由图6-2和图6-5可知，通过煅烧含结晶水的硫酸盐型稀土层状化合物$RE_2(OH)_4SO_4 \cdot nH_2O$（RE＝La-Dy）及无结晶水型硫酸盐型稀土层状化合物$RE_2(OH)_4SO_4$（RE＝Ho-Lu，含Y）可完成稀土含氧硫酸盐$RE_2O_2SO_4$的全谱合成（不含Ce）。图6-7为$RE_2O_2SO_4$的晶格参数、晶胞体积和轴线角

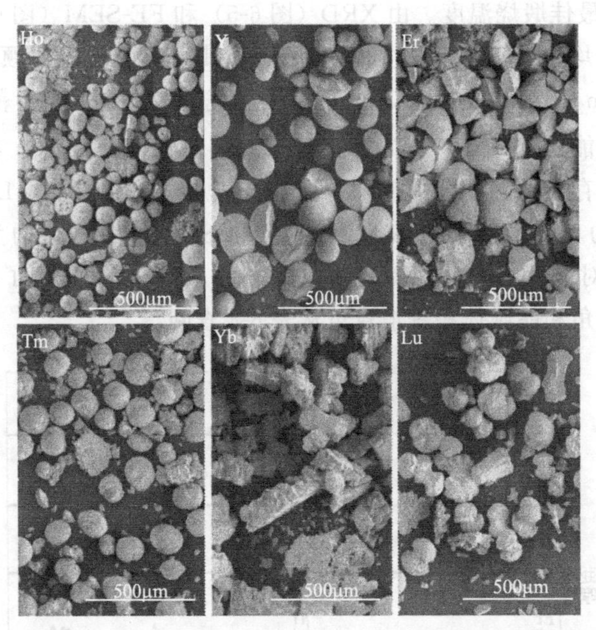

图 6-6　$RE_2(OH)_4SO_4$ 于空气中经 800℃煅烧 1h 所得 $RE_2O_2SO_4$ 的扫描电镜形貌

随稀土离子半径的变化规律。其中 La-Dy 和 Ho-Lu 及 Y 的 $RE_2O_2SO_4$ 分别由 $RE_2(OH)_4SO_4 \cdot nH_2O$（RE-241）和 $RE_2(OH)_4SO_4$ 于空气中经 1000℃和 800℃煅烧而成。由图可知晶格参数 a、b、c 和晶胞体积 V 均随稀土离子半径减小而逐渐减小，与镧系收缩规律相吻合，而轴线角 β 倾向于逐渐增大。

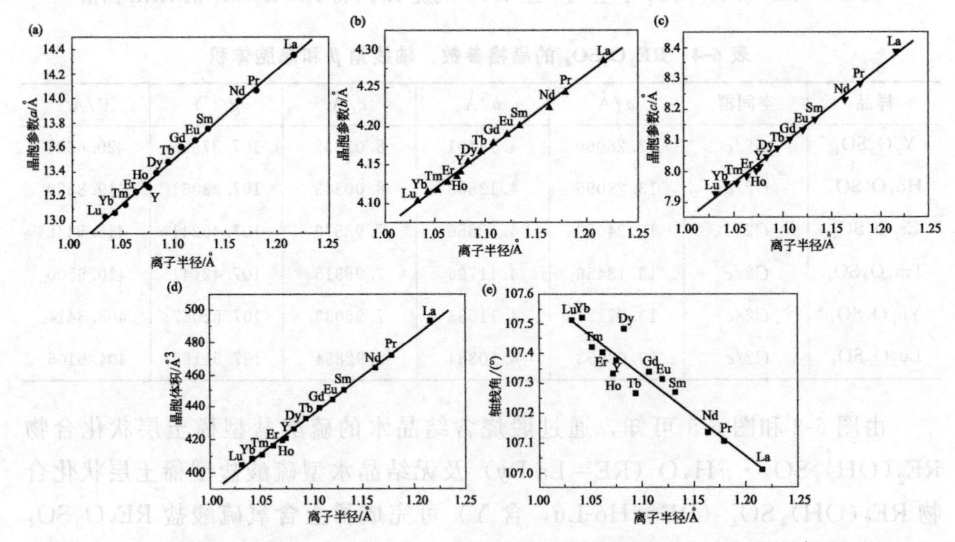

图 6-7　$RE_2O_2SO_4$ 的晶格参数（a）～（c）、晶胞体积（d）和轴线角（e）随 RE^{3+} 半径的变化

6.5 稀土含氧硫酸盐的下转换光致发光

6.5.1 概述

$RE_2O_2SO_4$ 并非传统的发光材料，其良好的发光性能近年才受到关注[142,143,152-157]。Lian 等人自 2009 年起先后研究了 $Gd_2O_2SO_4$：Eu、$La_2O_2SO_4$：Eu 及 $Y_2O_2SO_4$：Eu 荧光粉的发光性能[142,143,152,153]；美国学者 Srivastava 等人于 2008 年研究了 $Y_2O_2SO_4$：Ce 的发光性能[154]；日本学者 Kijima 和中国学者 Song 等人分别研究了 Tb^{3+} 在 $Y_2O_2SO_4$ 和 $Gd_2O_2SO_4$ 中的光致发光行为[155,156]；2014 年 Liu 等人研究了 Er^{3+} 在 Yb^{3+} 敏化下于 $Y_2O_2SO_4$ 中的上转换发光性能[157]。迄今为止有关该体系光致发光的研究就激活剂而言主要局限于 Eu^{3+} 和 Tb^{3}，就晶格而言主要局限于 $Gd_2O_2SO_4$ 和 $Y_2O_2SO_4$，就性能而言主要局限于下转换发光，因此以上信息也较易查找翻阅。实际上，该体系中适于作为基质晶格的几种化合物中 $La_2O_2SO_4$ 的共价性最高，利于电荷转移跃迁和提高发光强度。研究也表明该系列化合物中 $La_2O_2SO_4$ 在空气中存在的温度范围最宽且 La 的储量较其他几种稀土元素丰富、易于提纯、价格相对低廉。基于上述背景，本节详述了多种稀土激活剂在 $La_2O_2SO_4$ 和 $Gd_2O_2SO_4$ 中的下转换发光行为，并对其进行了比较。同时系统研究了 Ho^{3+}、Er^{3+} 及 Tm^{3+} 在 Yb^{3+} 敏化下于 $La_2O_2SO_4$ 中的上转换发光性能。

6.5.2 $(La,Eu)_2O_2SO_4$ 的下转换光致发光

获得荧光粉的煅烧温度对荧光粉的发光性能有明显影响。图 6-8 为 $(La_{0.95}Eu_{0.05})_2(OH)_4SO_4 \cdot nH_2O$ 层状化合物经不同温度煅烧所得 $(La_{0.95}Eu_{0.05})_2O_2SO_4$ 红色荧光粉的激发（$\lambda_{em}=617nm$）和发射光谱（$\lambda_{ex}=284nm$），内嵌图为 617nm 发射强度随样品合成温度的变化。从图 6-8(a) 可以看出激发光谱主要由两部分组成：位于 200～350nm 范围内以 284nm 为中心的激发带和位于 350～500nm 范围内的一系列尖锐激发峰。前者对应于电子由 O^{2-} 的 $2p$ 轨道跃迁至 Eu^{3+} 的 $4f$ 轨道所形成的电荷转移跃迁（$O^{2-} \rightarrow Eu^{3+}$ CTB）而后者归属于 Eu^{3+} 的 $4f^6$ 壳层内跃迁并以 395nm 处的 $^7F_{0,1} \rightarrow ^5L_6$ 跃迁为最强。文献报道 $(Y,Eu)_2O_2SO_4$ 和 $(Gd,Eu)_2O_2SO_4$ 的 $O^{2-} \rightarrow Eu^{3+}$ CTB 约位于 270nm[142,157]，而 $(La, Eu)_2O_2SO_4$ 的 $O^{2-} \rightarrow Eu^{3+}$ CTB 出现在 284nm，存在明显红移。该现象可从 $Eu^{3+}—O^{2-}—RE^{3+}$ 的键结构进行解释（RE＝Y、

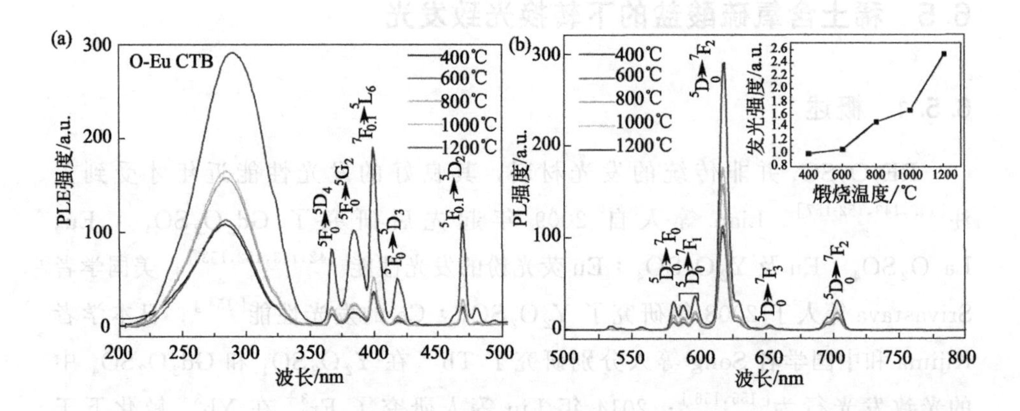

图 6-8 空气中经不同温度煅烧所得 $(La_{0.95}Eu_{0.05})_2O_2SO_4$ 红色荧光粉的激发光谱 (a) 和发射光谱 (b)

Gd 和 La)。Y^{3+}、Gd^{3+} 和 La^{3+} 的电负性分别为 1.22、1.20 和 1.11[158]，因而它们吸引电子的能力顺序为 $Y^{3+}>Gd^{3+}>La^{3+}$。O^{2-} $2p$ 轨道电子被激发到 Eu^{3+} 的 $4f$ 轨道所需能量亦遵从此顺序。CTB 的位置主要由 O^{2-} $2p$ 轨道和 Eu^{3+} 的 $4f$ 轨道间的能量差决定[159]，且能量差越大 CTB 出现的波长越短。在 $La_2O_2SO_4$ 晶格中，电子跃迁所需能量最小，因此观察到明显的 CTB 红移。在 284nm 激发下，Eu^{3+} 在 $La_2O_2SO_4$ 晶格中呈现主发射峰位于 617nm ($^5D_0 \rightarrow {}^7F_2$) 的红光发射。与传统氧化物相比（主发射峰位于 613nm），Eu^{3+} 在 $La_2O_2SO_4$ 中的主发射红移了约 4nm，主要原因是 Eu^{3+} 在两晶格中所占格位不同[160]。另外，激发和发射光谱的峰型并未随煅烧温度升高而改变，但高温煅烧明显提高了荧光粉的发射强度和发光效率。随着煅烧温度从 400℃升高到 1200℃，发光强度和外部量子效率均增加了约 160%。该荧光粉发光的 CIE 色坐标、内部量子效率、外部量子效率、激发光吸收率、荧光不对称因子（I_{617}：I_{595} 强度比）和晶粒尺寸等信息可从表 6-5 中查阅，表中 ε_{ex} 和 ε_{in} 分别为外部和内部量子效率，η 为激发光吸收率。可以看出色坐标基本稳定在（0.64，0.35），内部量子效率在 1200℃时达约 53.9%，晶粒尺寸随煅烧温度升高逐渐增大。

经不同温度煅烧所得 $(La_{0.95}Eu_{0.05})_2O_2SO_4$ 红色荧光粉的 617nm 荧光衰减均可用式(6-1) 进行单指数拟合［图 6-9(a)，激发波长，煅烧温度、所得荧

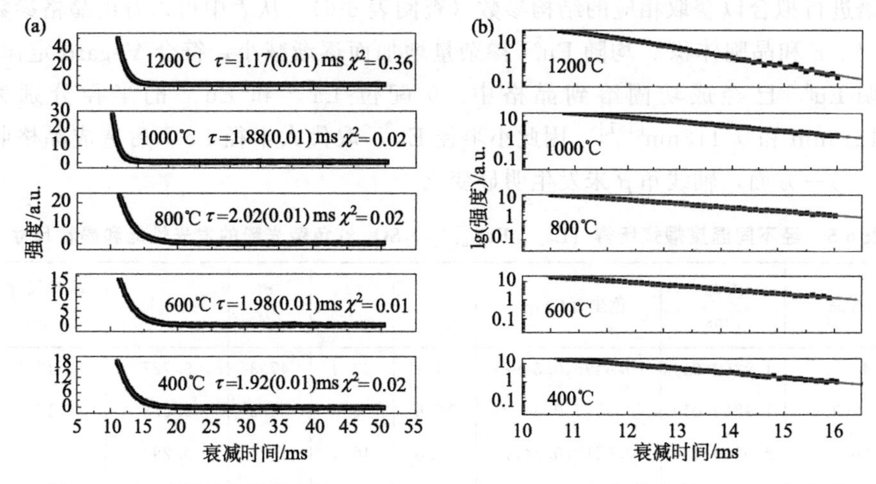

图 6-9 经不同温度煅烧所得 $(La_{0.95}Eu_{0.05})_2O_2SO_4$ 红色荧光粉 617nm 发光的单指数衰减曲线（a）和半对数线性拟合（b）

光寿命（τ）及拟合误差（χ^2）标于图中]：

$$I=A\exp(-t/\tau)+B \tag{6-1}$$

式中 τ——荧光寿命；

t——衰变时间；

I——相对荧光强度；

A 和 B——常数。

对式(6-1) 进行对数变换得到式(6-2)：

$$\lg I=-t/\tau+(\lg A+\lg B) \tag{6-2}$$

式中 τ——荧光寿命；

t——衰变时间；

I——相对荧光强度；

A 和 B——常数。

图 6-9(b) 中良好的线性关系进一步说明了单指数拟合的合理性。所得荧光寿命列于表 6-5。可以看出煅烧温度为 400～800℃时荧光寿命基本稳定在 2ms，而 1200℃时荧光寿命减少至 1.17ms。高温煅烧可有效提高荧光粉的结晶性并利于缺陷消除，因而可提高发光强度。另外，1000℃和 1200℃煅烧下显著的颗粒/晶粒长大则缩短荧光寿命。

稀土激活剂的含量会显著影响发光性能，因此合成了具有一系列不同 Eu^{3+} 含量的层状化合物 $(La，Eu)_2(OH)_4SO_4\cdot nH_2O$（100℃、pH＝9、24h），其 XRD 结果如图 6-10 所示。使用 TOPAS 软件对上述化合物的 XRD

图谱进行拟合以获取相应的结构参数（查阅表6-6）。从表中可以看出晶格参数 a、b、c 和晶胞体积 V 均随 Eu^{3+} 掺杂量增加而逐渐减小，符合Vegard定律，说明 Eu^{3+} 已经成功固溶到晶格中。9配位 La^{3+} 和 Eu^{3+} 的半径分别为0.1216nm和0.112nm[161]，因此小半径 Eu^{3+} 取代大半径 La^{3+} 后造成晶格收缩。另一方面，轴线角 β 未发生明显变化。

表6-5 经不同温度煅烧所得 $(La_{0.95}Eu_{0.05})_2O_2SO_4$ 红色荧光粉的发光性能和晶粒尺寸

样品	寿命/ms	色坐标(x,y)	ε_{ex}/%	ε_{in}/%	η/%	$I_{617}:I_{595}$	晶粒尺寸/nm
400℃	1.92(0.01)	(0.6495,0.3492)	15.6	32.9	47.3	9.727	15
600℃	1.98(0.01)	(0.6506,0.3482)	16.6	30.6	54.2	9.333	17
800℃	2.02(0.01)	(0.6512,0.3477)	22.8	46.4	49.0	9.294	19
1000℃	1.88(0.01)	(0.6481,0.3507)	23.5	43.7	53.8	8.850	32
1200℃	1.17(0.01)	(0.6483,0.3509)	40.4	53.9	74.9	7.749	45

注：ε_{ex} 为外部量子效率；ε_{in} 为内部量子效率；η 为吸收率。

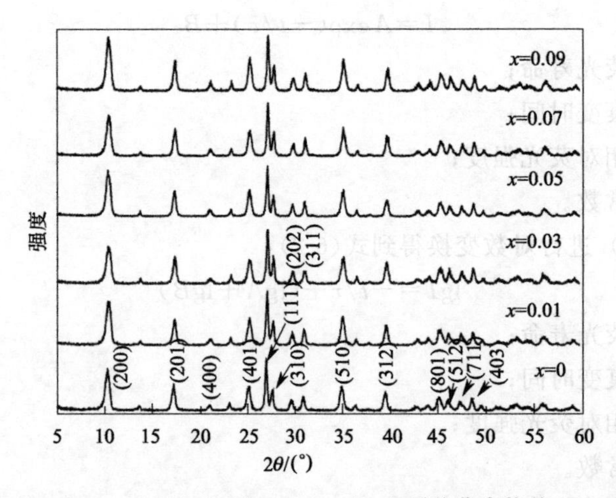

图6-10 $(La_{1-x}Eu_x)_2(OH)_4SO_4 \cdot nH_2O$ 层状化合物的XRD图谱

表6-6 $(La_{1-x}Eu_x)_2(OH)_4SO_4 \cdot nH_2O$ 的结构参数

样品	x=0.01	x=0.03	x=0.05	x=0.07	x=0.09
空间群	$C2/m$	$C2/m$	$C2/m$	$C2/m$	$C2/m$
a/Å	16.87219	16.86103	16.85096	16.84210	16.83199
b/Å	3.93649	3.93022	3.92963	3.92621	3.91988
c/Å	6.43770	6.42944	6.42606	6.42218	6.41442
β/(°)	90.48239	90.48252	90.45662	90.47695	90.46542
V/Å³	427.5590	426.048	425.5079	424.6552	423.2060

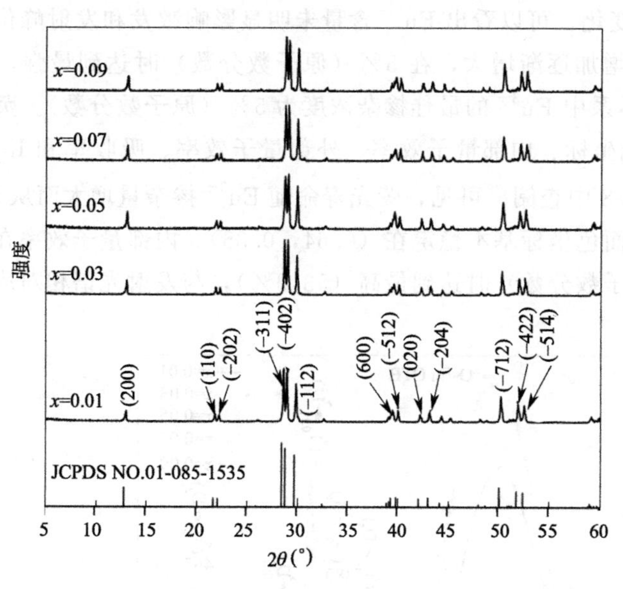

图 6-11 经 1200℃煅烧 1h 所得 $(La_{1-x}Eu_x)_2O_2SO_4$ 红色荧光粉的 XRD 图谱

$(La_{1-x}Eu_x)_2(OH)_4SO_4 \cdot nH_2O$ 在空气中煅烧时的物相演化分析发现 $(La_{1-x}Eu_x)_2O_2SO_4$ 在空气中稳定存在的温度范围为 400～1200℃。图 6-8 的结果则表明高温煅烧可有效提高发光性能。除煅烧温度外激活剂浓度对发光也有明显的影响。因此，采用 1200℃对不同激活剂浓度的 $(La_{1-x}Eu_x)_2(OH)_4SO_4 \cdot nH_2O$ 进行了煅烧。由 XRD 图谱（图 6-11）可知煅烧产物均为纯相、单斜结构的 $(La_{1-x}Eu_x)_2O_2SO_4$（JCPDS No. 01-085-1535）。采用 Cellcal 软件计算所得 $(La_{1-x}Eu_x)_2O_2SO_4$ 的晶格参数见表 6-7，可以看出晶格参数 a、b、c 均随 Eu^{3+} 含量增加而逐渐减小，说明形成了固溶体。由谢勒公式计算所得晶粒尺寸均约为 50nm。

表 6-7 $(La_{1-x}Eu_x)_2O_2SO_4$ 红色荧光粉的晶格参数和晶粒尺寸

样品	晶胞参数 a/nm	晶胞参数 b/nm	晶胞参数 c/nm	晶粒尺寸/nm
x=0.01	1.4307(0.0210)	0.4270(0.0029)	0.8358(0.0153)	48
x=0.03	1.4276(0.0219)	0.4264(0.0030)	0.8348(0.0160)	49
x=0.05	1.4273(0.0240)	0.4263(0.0033)	0.8343(0.0175)	45
x=0.07	1.4246(0.0268)	0.4255(0.0037)	0.8332(0.0196)	49
x=0.09	1.4224(0.0314)	0.4252(0.0048)	0.8320(0.0234)	47

图 6-12 为 1200℃煅烧所得 $(La_{1-x}Eu_x)_2O_2SO_4$ 红色荧光粉的激发（λ_{em}=617nm）和发射光谱（λ_{ex}=284nm），图（b）的内嵌图为 617nm 发射强度随

Eu^{3+}含量的变化。可以看出Eu^{3+}含量未明显影响激发和发射峰位。发光强度随Eu^{3+}含量增加逐渐增大，在5%（原子数分数）时达到最强，之后逐渐减弱。因此该体系中Eu^{3+}的最佳掺杂浓度为5%（原子数分数）。荧光粉的荧光寿命、CIE色坐标、内部量子效率、外部量子效率、吸收率和I_{617}：I_{595}值等信息可由表6-8中查阅。可见，荧光寿命随Eu^{3+}掺杂量增大而从1.32ms减小至1.19ms，而色坐标基本稳定在（0.64，0.35）。内部量子效率在最佳掺杂浓度（5%，原子数分数）时达到最高（53.9%），与发射光谱相对应。

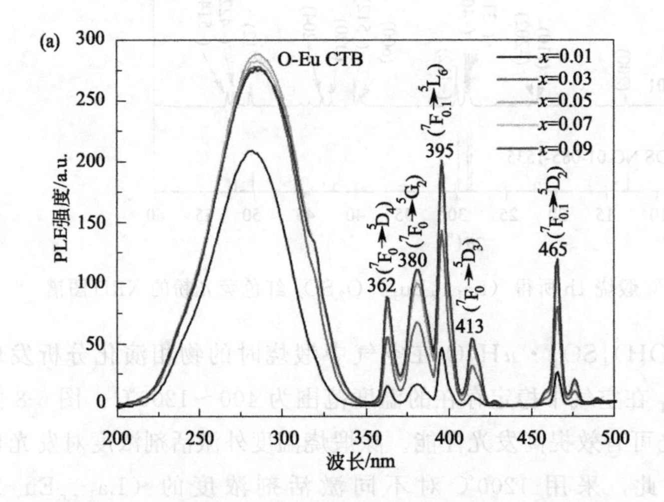

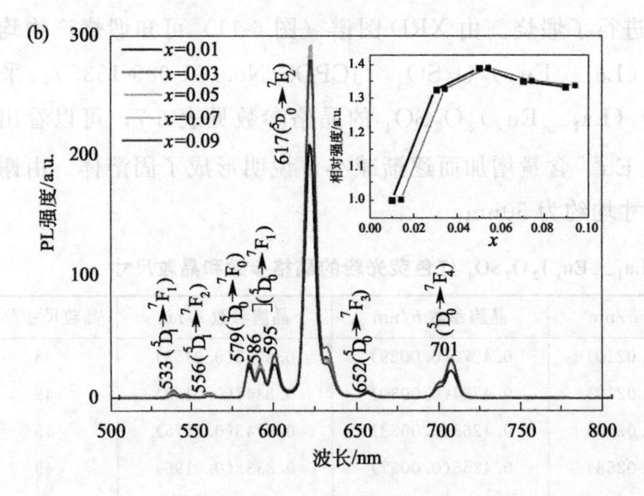

图6-12 经1200℃煅烧所得$(La_{1-x}Eu_x)_2O_2SO_4$红色荧光粉的激发光谱（a）和发射光谱（b）

表 6-8 $(La_{1-x}Eu_x)_2O_2SO_4$ 红色荧光粉的光致发光性能

样品	荧光寿命 /ms	色坐标(x,y)	ε_{ex} /%	ε_{in} /%	η /%	$I_{617}:I_{595}$
$x=0.01$	1.32(0.01)	(0.6389,0.3598)	31.6	47.9	65.9	7.443
$x=0.03$	1.30(0.01)	(0.6457,0.3534)	41.3	53.5	77.2	7.406
$x=0.05$	1.17(0.01)	(0.6483,0.3509)	40.4	53.9	74.9	7.749
$x=0.07$	1.16(0.01)	(0.6560,0.3487)	39.8	49.7	80.1	7.777
$x=0.09$	1.19(0.01)	(0.6523,0.3470)	40.1	50.1	80.0	7.830

注：ε_{ex} 为外部量子效率；ε_{in} 为内部量子效率；η 为吸收率。

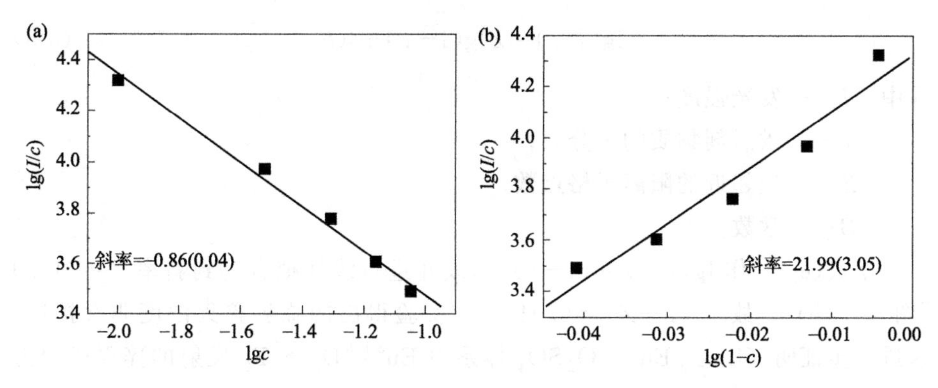

图 6-13 经 1200℃煅烧所得 $(La_{1-x}Eu_x)_2O_2SO_4$ 红色荧光粉的 $\lg(I/c)$-$\lg(c)$(a) 和 $\lg(I/c)$-$\lg(1-c)$ (b) 关系图

Huang 等人[162] 对荧光强度和激活剂浓度的关系做了理论阐述，指出固体材料的荧光猝灭类型可由式(6-3) 中的 s 值进行判断：

$$\lg(I/c)=(-s/d)\lg c+\lg f \tag{6-3}$$

式中 I——荧光强度；

c——Eu^{3+} 含量；

s——相互作用常数；

d——样品的维度（对于颗粒内部 Eu^{3+} 之间的能量传递，$d=3$）；

f——常数。

$s=3$、6、8 和 10 所对应的荧光猝灭机制分别为激活离子间能量互递、电偶极子-电偶极子 (dipole-dipole)、电偶极子-四偶极子 (dipole-quadrupole) 和四偶极子-四偶极子 (quadrupole-quadrupole) 互作用。图 6-13(a) 为 $\lg(I/c)$-$\lg(c)$ 曲线，由其斜率 ($-s/3$，-0.86 ± 0.04) 所得 s 值近似为 3，说明该体系的荧光猝灭主要源于 Eu^{3+}-Eu^{3+} 间的能量互递作用。

Ozawa[163] 提出，如果发光体系的浓度猝灭机制为能量互递作用，则开始猝灭的浓度应为 $1/(1+Z)$，其中 Z 为最邻近的阳离子格点数，而发光强度 I 与激活剂物质的量分数 c 应符合式(6-4)：

$$I=Bc(1-c)^Z \tag{6-4}$$

式中 I——发光强度；

c——激活剂物质的量分数；

Z——最邻近的阳离子格点数；

B——常数。

式(6-4) 经对数变换得到式(6-5)：

$$\lg(I/c)=Z\lg(1-c)+\lg b \tag{6-5}$$

式中 I——发光强度；

c——激活剂物质的量分数；

Z——最邻近的阳离子格点数；

B——常数。

据式(6-5) 作 $\lg(I/c)$-$\lg(1-c)$ 曲线并进行线性拟合得到斜率 $Z=21.99$ [图 6-13(b)]，故 $1/(1+Z)=0.043$，与实验得出的临界猝灭浓度非常接近。这进一步证明 $(La_{1-x}Eu_x)_2O_2SO_4$ 体系中 Eu^{3+} $^5D_0\rightarrow{}^7F_2$ 发射的猝灭机制为能量互递作用。

6.5.3 $(La,RE)_2O_2SO_4$ 的下转换光致发光（RE=Pr、Sm、Tb、Dy、Ho、Er及Tm）

除经典的 Eu^{3+} 外，本书也详述了其余可作为激活剂的稀土在含氧硫酸镧中的光致发光行为。图 6-14 为在 100℃和 pH=9 的条件下经 24h 水热反应所得一系列不同稀土掺杂的 $(La_{0.99}RE_{0.01})_2(OH)_4SO_4\cdot nH_2O$ 层状化合物的 XRD 图谱。图 6-15 为所得层状化合物前驱体在空气中经 1200 °C 煅烧 1h 所得 $(La_{0.99}RE_{0.01})_2O_2SO_4$ 荧光粉的 XRD 图谱。

图 6-16 为 Pr^{3+}、Sm^{3+}、Tb^{3+}、Dy^{3+}、Ho^{3+}、Er^{3+} 及 Tm^{3+} 在 $La_2O_2SO_4$ 中的激发和发射光谱及相应的能级状态图，其中 NR 代表无辐射跃迁。激活离子可通过以下三种途径吸收激发能量而使电子跃迁至不同激发态：①直接吸收；②通过与阴离子形成电荷转移跃迁；③基质晶格吸收激发能量后传递给稀土离子。激发态电子可无辐射弛豫至较低激发态，进而回迁至基态。单斜 $La_2O_2SO_4$ 的带隙能量为 5.3eV[60]，根据公式 $E=1240/\lambda$ 换算成波长后约为

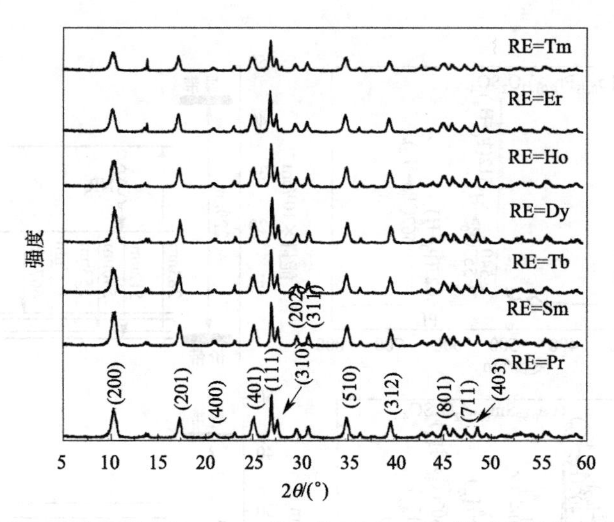

图 6-14　在 100℃和 pH＝9 的条件下经 24h 水热反应所得一系列 $(La_{0.99}RE_{0.01})_2(OH)_4SO_4 \cdot nH_2O$ 层状化合物的 XRD 图谱

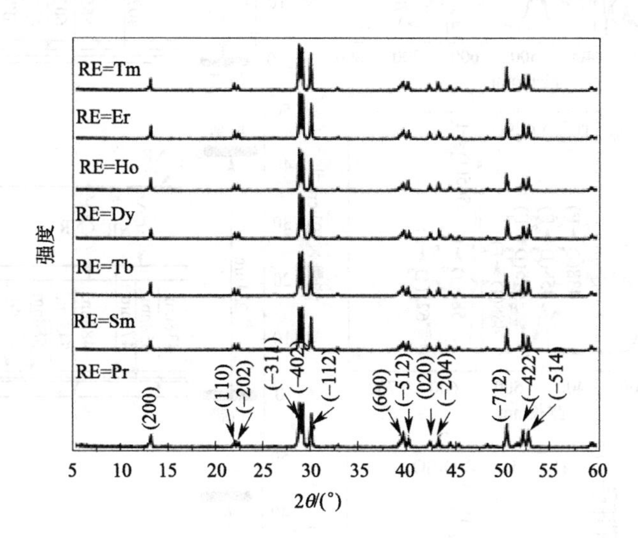

图 6-15　空气中经 1200℃煅烧 1h 所得 $(La_{0.99}RE_{0.01})_2O_2SO_4$ 荧光粉的 XRD 图谱

230nm。因而图 6-16 的激发光谱中位于约 230nm 处的激发峰源自 $La_2O_2SO_4$ 的晶格吸收。上述激活离子的激发和发射性能分析如下，其主激发波长、主发射波长、发光色坐标（x，y）、量子效率（QY）和荧光寿命等数值见表 6-9，荧光色见 CIE 色坐标图（图 6-17）：

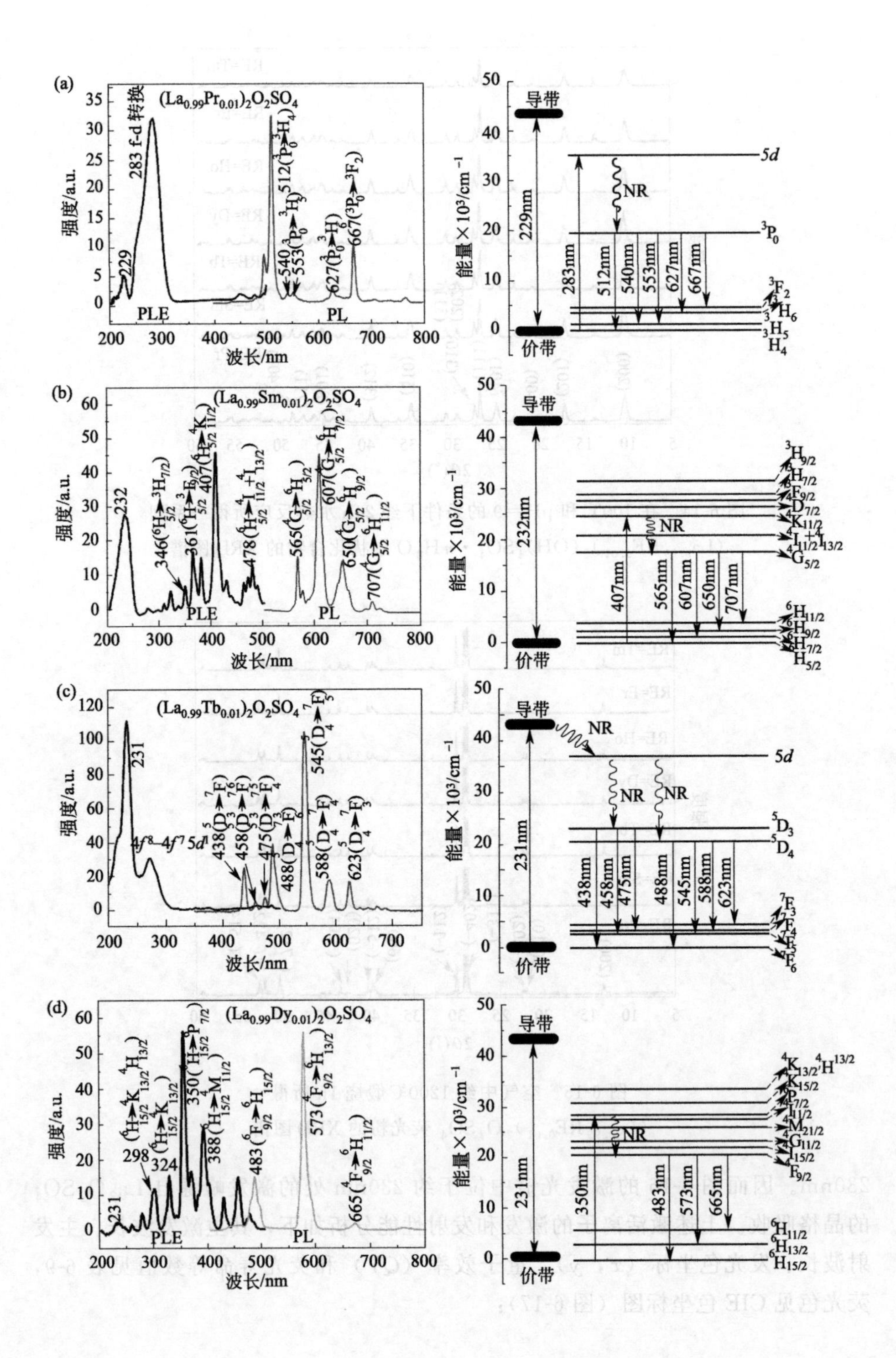
(a)
$(La_{0.99}Pr_{0.01})_2O_2SO_4$
283 f-d 转换
强度/a.u.
波长/nm
PLE
PL
导带
价带
能量×10³/cm⁻¹
5d
NR
229nm
283nm
512nm
540nm
553nm
627nm
667nm
(b)
$(La_{0.99}Sm_{0.01})_2O_2SO_4$
407nm
565nm
607nm
650nm
707nm
232nm
(c)
$(La_{0.99}Tb_{0.01})_2O_2SO_4$
231nm
438nm
458nm
475nm
488nm
545nm
588nm
623nm
(d)
$(La_{0.99}Dy_{0.01})_2O_2SO_4$
350nm
483nm
573nm
665nm

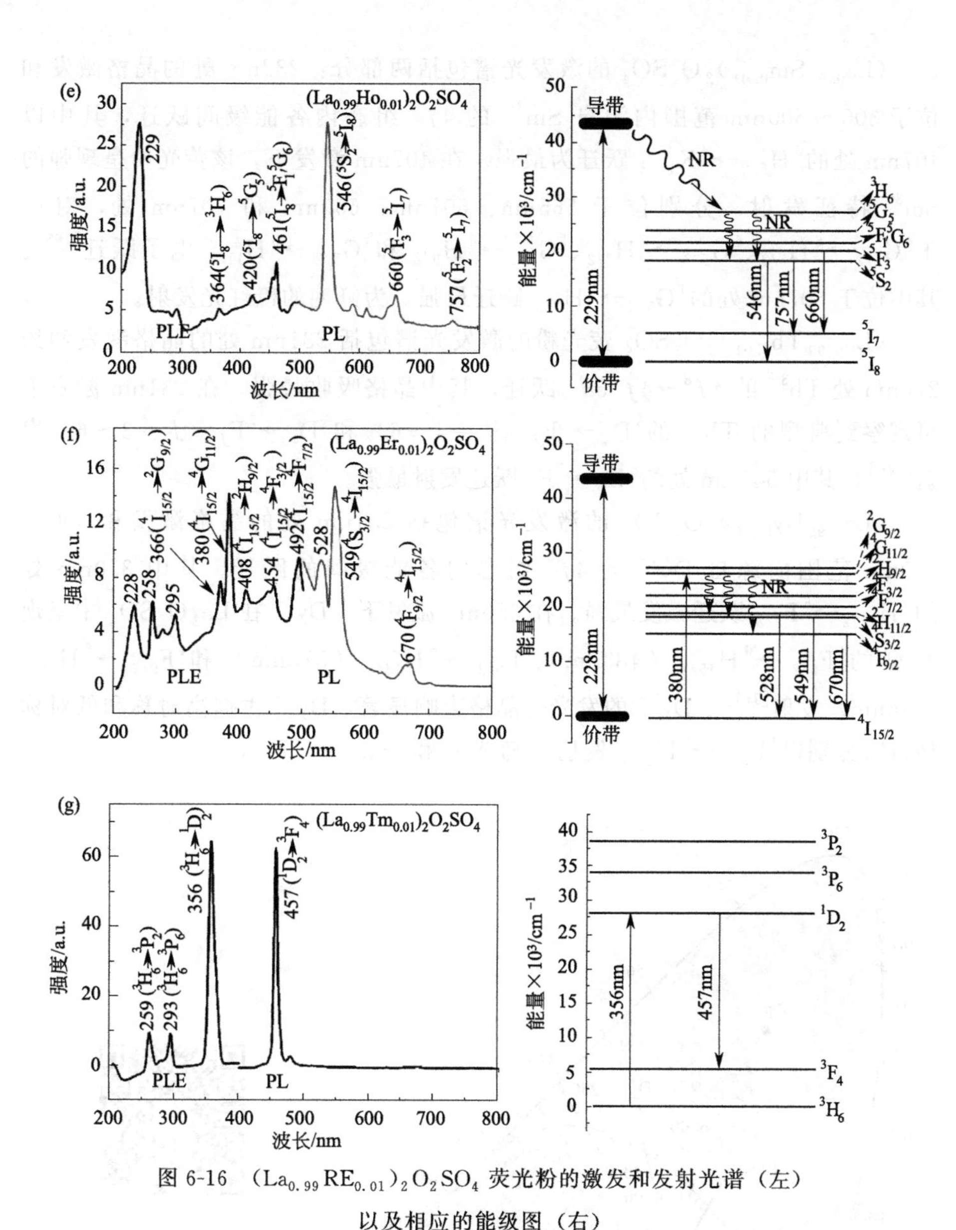

图 6-16 $(La_{0.99}RE_{0.01})_2O_2SO_4$ 荧光粉的激发和发射光谱（左）以及相应的能级图（右）

$(La_{0.99}Pr_{0.01})_2O_2SO_4$ 的激发光谱中除了位于约 230nm 处的晶格吸收外，还可观察到 283nm 处源自 Pr^{3+} 的 $4f^2(^3H_4)\rightarrow 5d$ 跃迁的强激发峰。在 283nm 激发下，Pr^{3+} 在 $La_2O_2SO_4$ 中呈现归属于 $^3P_0\rightarrow{}^3H_4$（512nm）、$^3P_0\rightarrow{}^3H_5$（540nm 和 553nm）、$^3P_0\rightarrow{}^3H_6$（627nm）和 $^3P_0\rightarrow{}^3F_2$（667nm）跃迁的发射峰[122,164]，其中以位于 512nm 处（$^3P_0\rightarrow{}^3H_4$ 跃迁）的绿光发射为最强。

$(La_{0.99}Sm_{0.01})_2O_2SO_4$ 的激发光谱包括两部分：232nm 处的晶格激发和位于 300～500nm 范围内源自 Sm^{3+} 的 $4f^5$ 组态内各能级间跃迁，其中以 407nm 处的 $^6H_{5/2}\rightarrow{}^4K_{11/2}$ 跃迁为最强。在 407nm 激发下，该荧光粉呈现强的 Sm^{3+} 特征发射，分别位于 565nm、607nm、650nm 和 707nm 处，对应于 $^4G_{5/2}\rightarrow{}^6H_{5/2}$、$^4G_{5/2}\rightarrow{}^6H_{7/2}$、$^4G_{5/2}\rightarrow{}^6H_{9/2}$ 和 $^4G_{5/2}\rightarrow{}^6H_{11/2}$ 电子跃迁[165]。其中位于 607nm 处的 $^4G_{5/2}\rightarrow{}^6H_{7/2}$ 跃迁最强，为鲜艳的橙红光发射。

$(La_{0.99}Tb_{0.01})_2O_2SO_4$ 荧光粉的激发光谱包括 231nm 处的晶格激发和约 270nm 处 Tb^{3+} 的 $4f^8\rightarrow 4f^75d^1$ 跃迁，其中晶格吸收最强。在 231nm 激发下可观察到典型的 Tb^{3+} 的 $^5D_3\rightarrow{}^7F_J$（$J=4\sim6$）和 $^5D_4\rightarrow{}^7F_J$（$J=3\sim6$）发射[166]，其中 545nm 处的 $^5D_4\rightarrow{}^7F_5$ 跃迁发射最强。

$(La_{0.99}Dy_{0.01})_2O_2SO_4$ 的激发光谱包括 231nm 处的晶格激发和 300～500nm 范围内源自 Dy^{3+} 的 $4f^9$ 组态内各能级间的跃迁。其中 350nm 处的 $^6H_{15/2}\rightarrow{}^6P_{7/2}$ 跃迁激发最强。在 350nm 激发下，Dy^{3+} 在 $La_2O_2SO_4$ 中呈现典型的 $^4F_{9/2}\rightarrow{}^6H_{15/2}$（483nm）、$^4F_{9/2}\rightarrow{}^6H_{13/2}$（573nm）和 $^4F_{9/2}\rightarrow{}^6H_{11/2}$（666nm）发射[167]。$Dy^{3+}$ 的发光受晶格影响显著，Dy^{3+} 占据高对称和低对称格位时分别以 $^4F_{9/2}\rightarrow{}^6H_{15/2}$ 发射（蓝光）和 $^4F_{9/2}\rightarrow{}^6H_{13/2}$

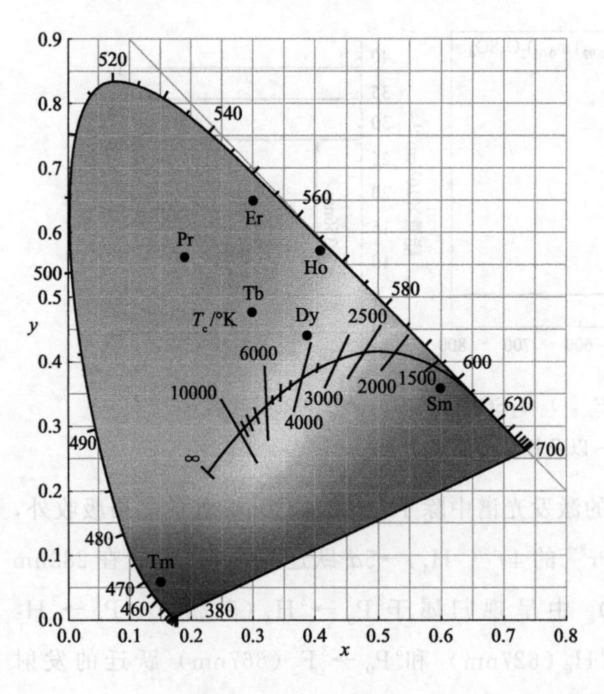

图 6-17 $(La_{0.99}RE_{0.01})_2O_2SO_4$ 荧光粉的 CIE 色坐标图

发射（黄光）为主[167]。此处的荧光发射以$^4F_{9/2}\rightarrow{}^6H_{13/2}$跃迁为主，与$Dy^{3+}$在$La_2O_2SO_4$中占据低对称性格位相呼应。

$(La_{0.99}Ho_{0.01})_2O_2SO_4$的激发光谱也由229nm处的晶格激发和350～500nm范围内Ho^{3+}的$4f^{10}$组态内能级间的跃迁组成。在229nm激发下Ho^{3+}呈现出主发射峰位于546nm处的绿光发射。

$(La_{0.99}Er_{0.01})_2O_2SO_4$最有效的激发峰位于380nm处（$Er^{3+}$的$4f^{11}$组态内的$^4I_{15/2}\rightarrow{}^4G_{11/2}$跃迁）。在380nm激发下$Er^{3+}$的主发射位于549nm处（$^2S_{3/2}\rightarrow{}^4I_{15/2}$），为绿色发光。

$(La_{0.99}Tm_{0.01})_2O_2SO_4$的主激发峰位于356nm处，源自$Tm^{3+}$的$4f^{12}$组态内的$^3H_6\rightarrow{}^1D_2$跃迁。在356nm激发下，$Tm^{3+}$的发射以位于457nm处的蓝光为主（$^1D_2\rightarrow{}^3F_4$跃迁）。RE = Pr、Sm、Tb、Dy、Ho、Er及Tm时$(La_{0.99}RE_{0.01})_2O_2SO_4$主发射峰的荧光衰变均可用式(6-1)进行单指数拟合(图6-18)，结果见表6-9。

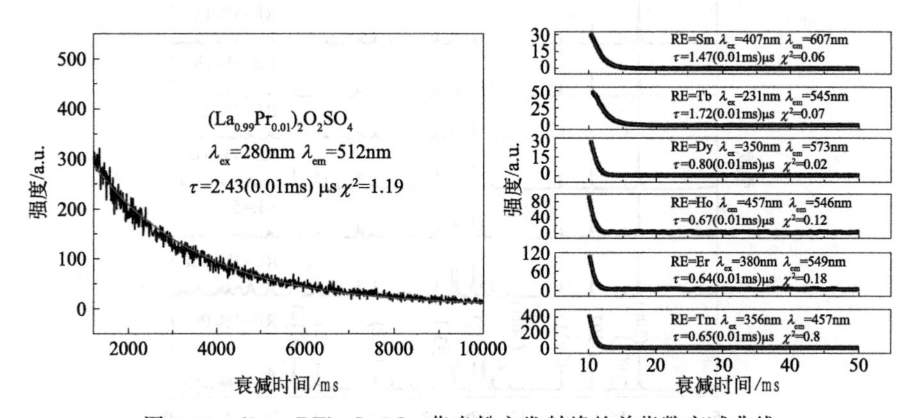

图6-18　(La，RE)$_2O_2SO_4$荧光粉主发射峰的单指数衰减曲线

表6-9　$(La_{0.99}RE_{0.01})_2O_2SO_4$荧光粉的光致发光性能

样品	λ_{ex}/nm	λ_{em}/nm	CIE(x,y)	QY/%	荧光寿命
$(La_{0.99}Pr_{0.01})_2O_2SO_4$	283	512	(0.19,0.56)	5.8	2.43(0.01ms) μs
$(La_{0.99}Sm_{0.01})_2O_2SO_4$	407	607	(0.60,0.36)	41.7	1.47(0.01ms)μs
$(La_{0.99}Tb_{0.01})_2O_2SO_4$	231	545	(0.30,0.48)	9.8	1.72(0.01ms)μs
$(La_{0.99}Dy_{0.01})_2O_2SO_4$	350	573	(0.39,0.44)	48.2	0.80(0.01ms)μs
$(La_{0.99}Ho_{0.01})_2O_2SO_4$	229	546	(0.41,0.57)	1.6	0.67(0.01ms)μs
$(La_{0.99}Er_{0.01})_2O_2SO_4$	380	549	(0.30,0.65)	1.3	0.64(0.01ms)μs
$(La_{0.99}Tm_{0.01})_2O_2SO_4$	356	457	(0.15,0.06)	15.2	0.65(0.01ms)μs

6.5.4 $(Gd,RE)_2O_2SO_4$的下转换光致发光（RE=Pr、Sm、Eu、Tb、Dy、Ho、Er及Tm）

除含氧硫酸镧外，含氧硫酸钆为含氧硫酸盐中另一个适于作为基质晶格的化合物，钆具有半满的4*f* 电子壳层结构，与4*f* 电子层全空的镧相比有特殊的性能，此前在多个晶格中观察到钆元素与多种激活剂的能量传递现象。因此本书也详述了多种稀土激活离子在含氧硫酸钆中的发光性能。多种稀土离子激活剂掺杂的无水硫酸盐型层状氢氧化物 $(Gd，RE)_2(OH)_4SO_4$（RE＝Pr-Tm，不含 Nd）的 XRD 图谱见图 6-19。由其煅烧所得 $(Gd，RE)_2O_2SO_4$ 纯相荧光粉的 XRD 图谱分别见图 6-20，其发光性能详述如下［除 Eu^{3+} 含量为5%（原子数分数）外，其他激活离子的含量均为1%（原子数分数）］。

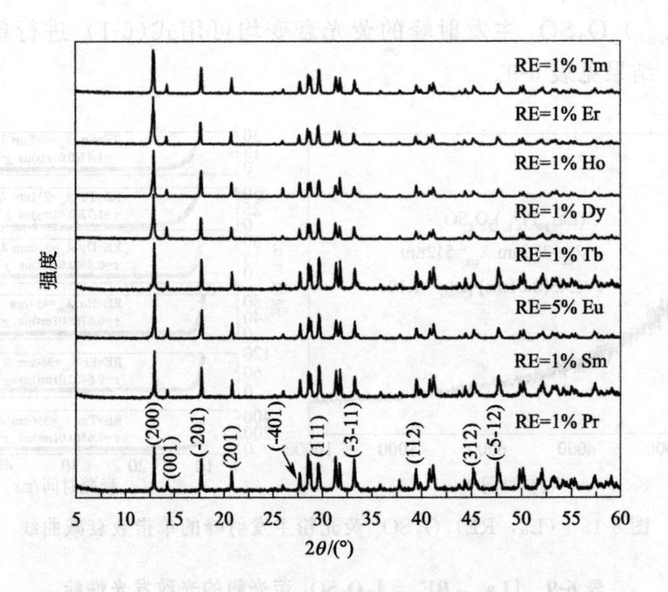

图 6-19　在150℃和 pH＝10 的条件下经 24 h 水热反应所得 $(Gd，RE)_2(OH)_4SO_4$ 的 XRD 图谱

在紫外光激发下 $(Gd，RE)_2O_2SO_4$ 呈现绿光（RE＝Tb^{3+}、Ho^{3+}、Er^{3+}）、红光（RE＝Sm^{3+} 和 Eu^{3+}）、黄光（RE＝Dy^{3+}）及蓝光（RE＝Tm^{3+}）发射（图 6-21）。其主激发和发射波长、发光色坐标（*x*，*y*）、量子效率（*QY*）和荧光寿命等数据见表 6-10。与上一小节所述的 $(La，RE)_2O_2SO_4$ 相比，Eu^{3+}、Ho^{3+}、Er^{3+} 和 Tm^{3+} 在 $Gd_2O_2SO_4$ 晶格中呈现相似的发光行为；Pr^{3+} 在 $La_2O_2SO_4$ 和 La_2O_2S 中均呈现鲜艳的绿光发射，但在 $Gd_2O_2SO_4$

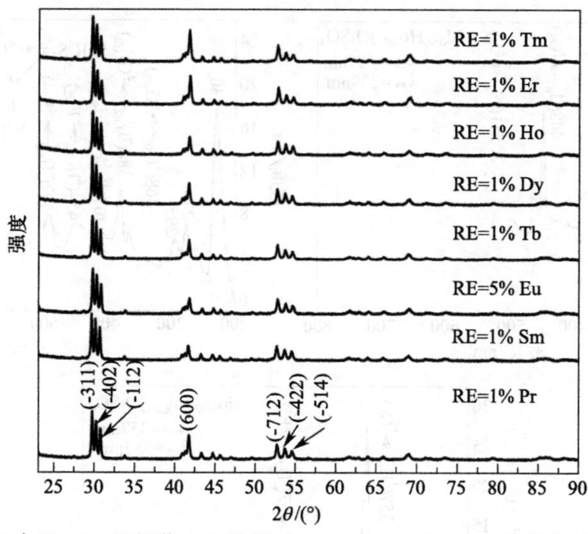

图 6-20　空气中经 1000℃煅烧 1 h 所得 $(Gd_{0.99}RE_{0.01})_2O_2SO_4$ 荧光粉的 XRD 图谱

图中为原子数分数

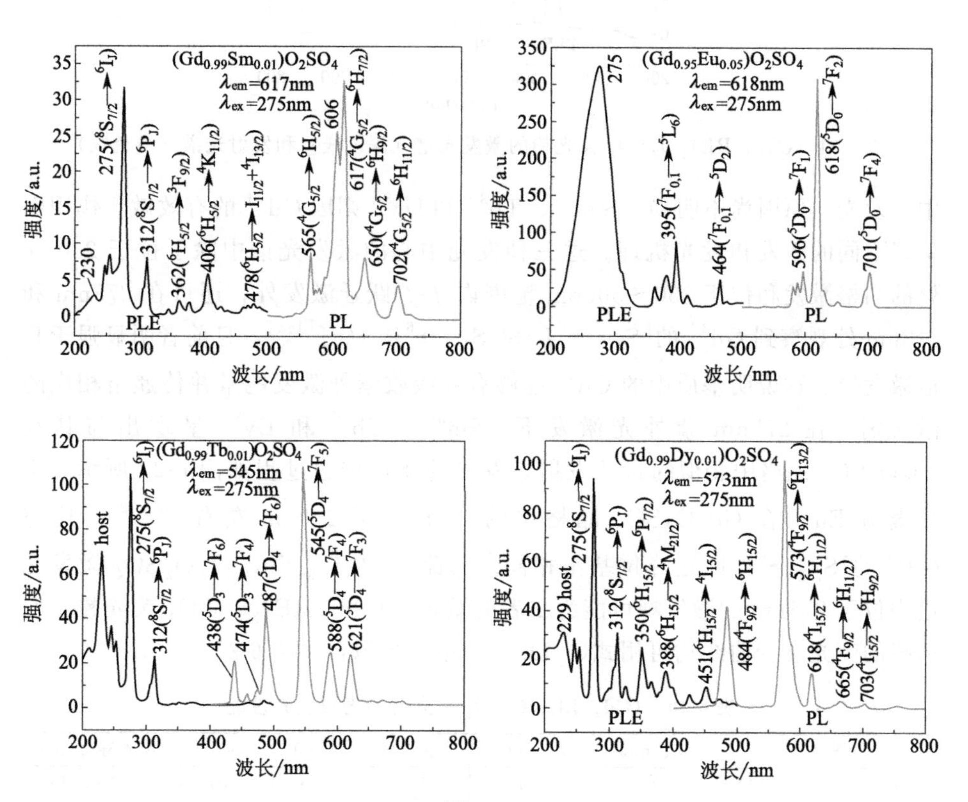

图 6-21

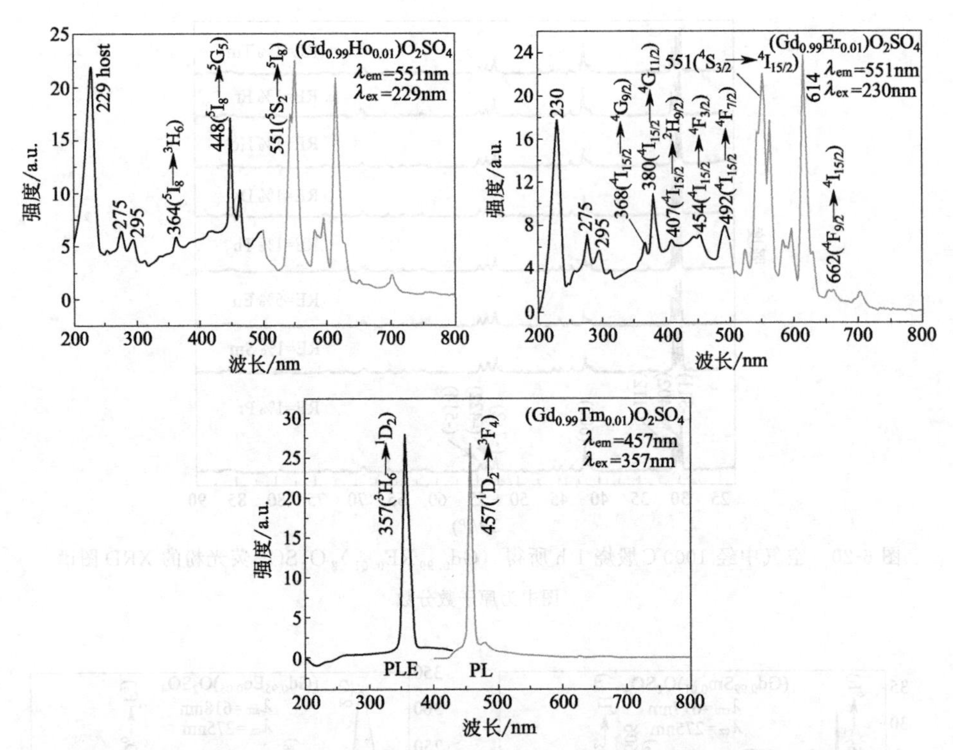

图 6-21 (Gd, RE)$_2$O$_2$SO$_4$ 荧光粉的激发光谱（深色线）和发射光谱（浅色线）

中不发光，原因尚不明确；Sm^{3+}、Tb^{3+} 和 Dy^{3+} 则因 Gd^{3+} 的有效敏化作用而呈现不同的激发和发光机理。这三种发光中心的激发光谱中除了位于 230nm 处的晶格激发和位于 350～500nm 范围内 f-f 跃迁激发外，还可在 275nm 和 312nm 处观察到 Gd^{3+} 的 $^8S_{7/2}\rightarrow{}^6I_J$ 和 $^8S_{7/2}\rightarrow{}^6P_J$ 跃迁[168]，且前者明显强于其他激发峰。这说明基质中的 Gd^{3+} 能够有效吸收紫外激发能量并传递给相应的激活剂。在 275nm 紫外光激发下，Sm^{3+}、Tb^{3+} 和 Dy^{3+} 呈现出与其在 $La_2O_2SO_4$ 晶格中相似的特征发射。发光的能量传递过程如图 6-22 所示。文献报道 Eu^{3+} 在 $Gd_2O_2SO_4$ 晶格中的 CTB 位于 270nm 左右[142,152]，这与 Gd^{3+} 的 $^8S_{7/2}\rightarrow{}^6I_J$ 跃迁峰位基本相同。因此，$(Gd_{0.95}Eu_{0.05})_2O_2SO_4$ 激发光谱中位于 275nm 的激发峰可能为二者的重合。(Gd，RE)$_2$O$_2$SO$_4$ 荧光粉主发射峰的荧光衰变曲线均可用式(6-1) 进行单指数拟合（图 6-23）。

表 6-10 (Gd，RE)$_2$O$_2$SO$_4$ 荧光粉的光致发光性能

样品	λ_{ex}/nm	λ_{em}/nm	QY/%	CIE (x,y)	荧光寿命/ms
$(Gd_{0.99}Sm_{0.01})_2O_2SO_4$	275	617	12.3	(0.61,0.38)	1.37(0.01)
$(Gd_{0.99}Eu_{0.05})_2O_2SO_4$	275	618	27.9	(0.65,0.34)	1.30(0.01)

续表

样品	λ_{ex}/nm	λ_{em}/nm	QY/%	CIE (x,y)	荧光寿命/ms
$(Gd_{0.99}Tb_{0.01})_2O_2SO_4$	275	545	19.2	(0.33,0.47)	2.07(0.01)
$(Gd_{0.99}Dy_{0.01})_2O_2SO_4$	275	573	18.2	(0.41,0.43)	0.78(0.01)
$(Gd_{0.99}Ho_{0.01})_2O_2SO_4$	229	551	1.3	(0.46,0.53)	0.69(0.01)
$(Gd_{0.99}Er_{0.01})_2O_2SO_4$	230	551	1.5	(0.45,0.54)	0.66(0.01)
$(Gd_{0.99}Tm_{0.01})_2O_2SO_4$	357	457	14.3	(0.16,0.09)	0.65(0.01)

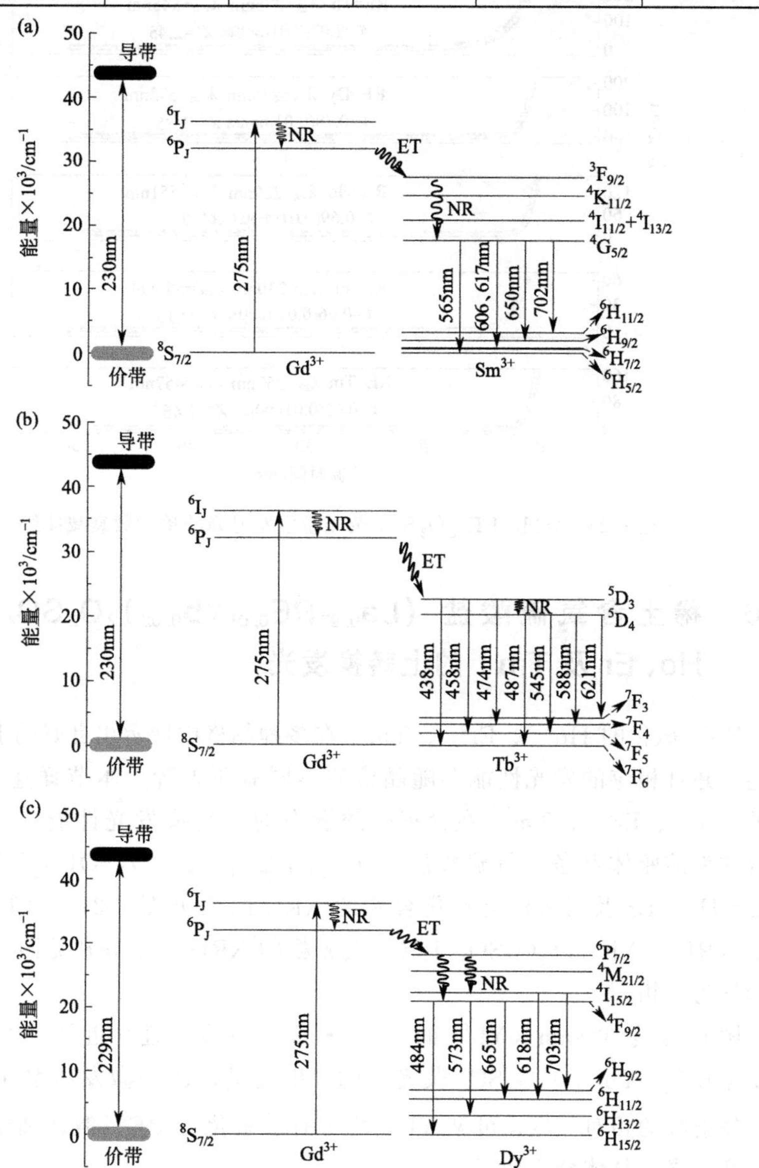

图 6-22　$Gd_2O_2SO_4$ 晶格中由 Gd^{3+} 至 Sm^{3+} (a)、Tb^{3+} (b) 和 Dy^{3+} (c) 能量传递示意图

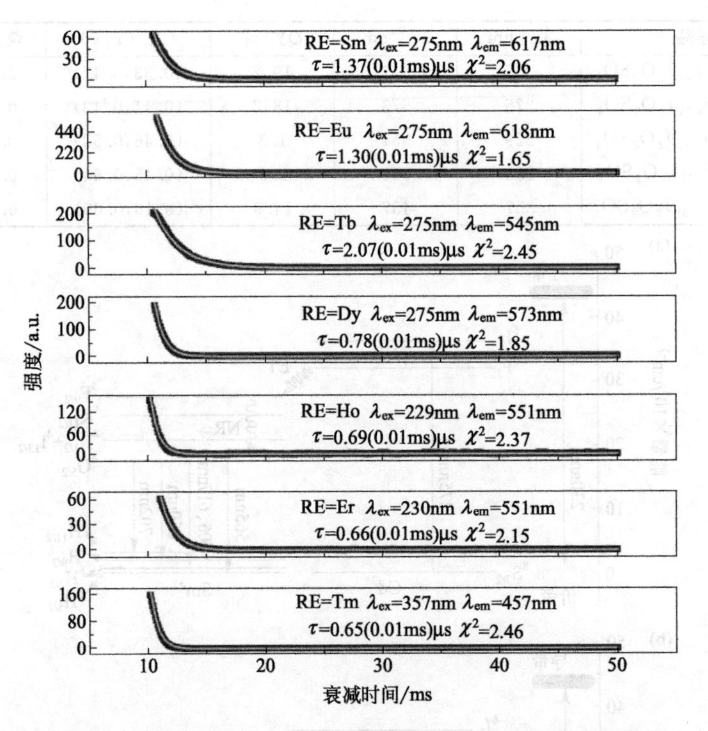

图 6-23 (Gd，RE)$_2$O$_2$SO$_4$ 荧光粉主发射峰的单指数衰减曲线

6.6 稀土含氧硫酸盐 $(La_{0.97}RE_{0.01}Yb_{0.02})_2O_2SO_4$（RE=Ho、Er 及 Tm）的上转换发光

Yb^{3+} 敏化的 Ho^{3+}、Er^{3+}、Tm^{3+} 在多种晶格中展示出良好的上转换发光性能，并且相应的发光性能会随晶格的不同有所差异。本节详述了 Yb^{3+} 敏化的 Ho^{3+}、Er^{3+}、Tm^{3+} 在含氧硫酸镧中的上转换发光性能。同样以层状化合物为前驱体制备含氧硫酸盐。$(La_{0.97}RE_{0.01}Yb_{0.02})_2(OH)_4SO_4\cdot nH_2O$（RE=Ho、Er 及 Tm）层状化合物的 XRD 图谱见图 6-24。由其煅烧所得 $(La_{0.97}RE_{0.01}Yb_{0.02})_2O_2SO_4$ 上转换荧光粉的 XRD 结果分别见图 6-25。所有产物均为纯相。

图 6-26 为 978nm（Yb^{3+} 的 $^2F_{7/2}\rightarrow{}^2F_{5/2}$ 吸收跃迁）近红外激光激发下 $(La_{0.97}RE_{0.01}Yb_{0.02})_2O_2SO_4$ 荧光粉的发射光谱，P 为激发功率（W），I 为特定发射峰的相对强度。可见 Yb^{3+} 均可有效敏化各 RE^{3+} 激活离子从而实现上转换发光。具体分析如下：

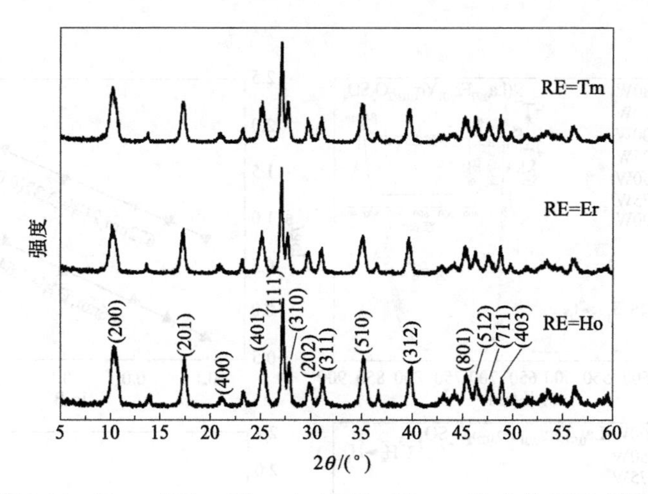

图 6-24 $(La_{0.97}RE_{0.01}Yb_{0.02})_2(OH)_4SO_4 \cdot nH_2O$ 的 XRD 图谱

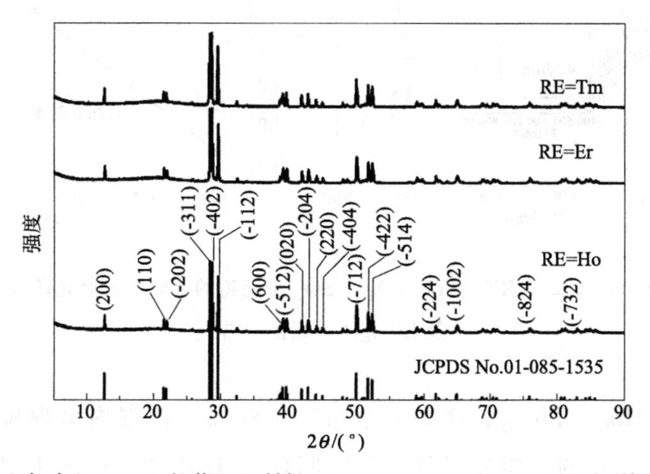

图 6-25 空气中经 1200℃煅烧 1 h 所得 $(La_{0.97}RE_{0.01}Yb_{0.02})_2O_2SO_4$ 的 XRD 图谱

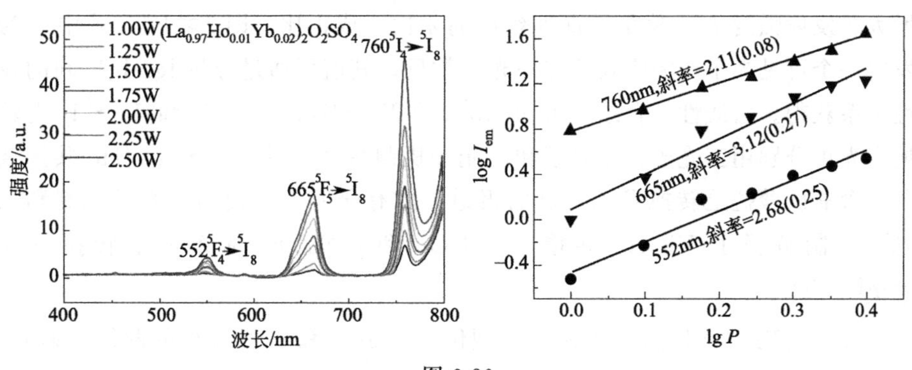

图 6-26

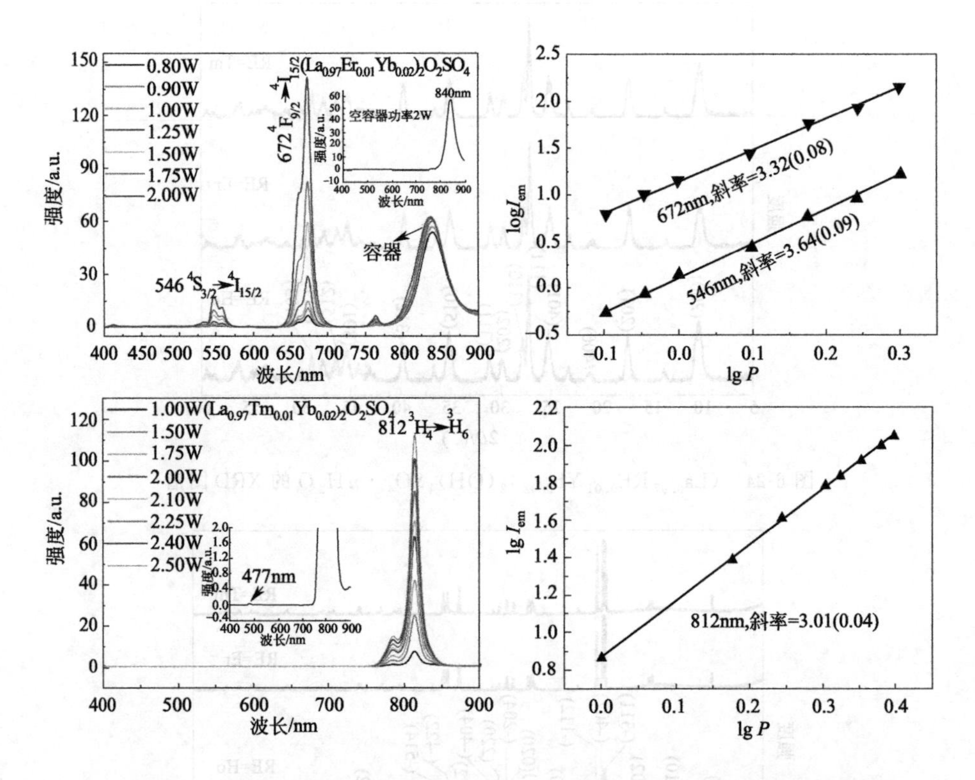

图 6-26 $(La_{0.97}RE_{0.01}Yb_{0.02})_2O_2SO_4$ 荧光粉的上转换发射光谱（左）及 lg$I$-lg$P$ 关系图（右）

$(La_{0.97}Ho_{0.01}Yb_{0.02})_2O_2SO_4$ 在 400～800nm 范围内呈现位于 552nm、665nm 和 760nm 的三组发射峰，分别归属于 Ho^{3+} 的 $^5F_4 \rightarrow ^5I_8$、$^5F_5 \rightarrow ^5I_8$ 和 $^5I_4 \rightarrow ^5I_8$ 跃迁。其中 760nm 处的发射最强。各发射强度均随激发功率增加而增大。发射强度 I 和激发泵浦功率 P 的 n 次方成正比，即 $I \propto P^n$，式中 n 为发射一个可见光子所需吸收的红外光子数目，其值可通过分析 lg$I$-lg$P$ 间的线性关系获得。由线性拟合结果可知 Ho^{3+} 的 $^5F_4 \rightarrow ^5I_8$、$^5F_5 \rightarrow ^5I_8$ 和 $^5I_4 \rightarrow ^5I_8$ 上转换发光可分别用三光子、三光子和两光子机制解释。目前尚无 Yb/Ho 共掺杂稀土含氧硫酸盐上转换发光机制的报道，但有研究人员使用两光子机制和三光子机制解释了 Yb/Ho 共掺杂 Gd_2O_3 和 β-$NaYF_4$ 体系的上转换发光现象[117,169]。

$(La_{0.97}Er_{0.01}Yb_{0.02})_2O_2SO_4$ 呈现位于 546nm 和 672nm 处的两组发射峰，分别归属于 Er^{3+} 的 $^4S_{3/2} \rightarrow ^4I_{15/2}$ 和 $^4F_{9/2} \rightarrow ^4I_{15/2}$ 跃迁发光。由 lg$I$ 与 lg$P$ 间的

线性关系可知其分别对应于四光子和三光子机制。2014 年 Chen 等人[157]报道了 Yb/Er 共掺杂 $Y_2O_2SO_4$ 体系的上转换发光现象，并用三光子机制进行了解释。约 840nm 处的宽峰来自测试用石英容器而非荧光粉。内嵌图为无样品容器在该测试条件下所得结果，进一步证实了该峰并非源自样品发光。

$(La_{0.97}Tm_{0.01}Yb_{0.02})_2O_2SO_4$ 的主发射峰位于近红外光区 812nm 处，源于 Tm^{3+} 的 $^3H_4 \rightarrow {}^3H_6$ 跃迁。位于蓝光区的 477nm 发射（$^1G_4 \rightarrow {}^3H_6$）发生严重猝灭，基本观察不到。通过分析 $\lg I$ 与 $\lg P$ 之间的线性关系得到 $n=3$，说明 Tm^{3+} 的 $^3H_4 \rightarrow {}^3H_6$ 上转换发光为三光子机制。目前尚无 Yb^{3+}/Tm^{3+} 在含氧硫酸盐中上转换发光的报道，但有研究人员采用三光子机制解释了 Yb^{3+}/Tm^{3+} 在稀土氧化物和 $Lu_3Al_5O_{12}$(LuAG) 中的上转换发光[170]。

图 6-27 为 Yb^{3+} 敏化下 Ho^{3+}、Er^{3+} 和 Tm^{3+} 在 $La_2O_2SO_4$ 晶格中的上转换发光机理，ET 和 NR 分别代表能量传递和无辐射跃迁。上转换发光过程主要包括激发态吸收（excited state absorption，ESA）、能量传递（energy transfer，ET）和交叉弛豫（cross relaxation，CR）等。此处激活/敏化剂的掺杂浓度低，由交叉弛豫引起的上转换发光可忽略不计。具体分析如下。

$(La_{0.97}Ho_{0.01}Yb_{0.02})_2O_2SO_4$ 体系：$^5F_4 \rightarrow {}^5I_8$ 和 $^5F_5 \rightarrow {}^5I_8$ 上转换发光对应三光子机制。在 978nm 激光激发下 Yb^{3+} 电子从基态 $^2F_{7/2}$ 跃迁至 $^2F_{5/2}$ 激发态 [$^2F_{7/2}(Yb^{3+})+h\nu(978nm) \rightarrow {}^2F_{5/2}(Yb^{3+})$,ESA]，随后回迁至基态并将能量传递给临近的 Ho^{3+}，使其电子从基态（$^5I_8$）跃迁至 $^5I_6$ 能级 [$^2F_{5/2}(Yb^{3+})+{}^5I_8(Ho^{3+}) \rightarrow {}^2F_{7/2}(Yb^{3+})+{}^5I_6(Ho^{3+})$,ET1]。$^5I_6$ 能级上的电子经无辐射弛豫（NR）至 $^5I_7$ 能级 [$^5I_6(Ho^{3+}) \sim {}^5I_7(Ho^{3+})$,NR]，随后再次发生能量传递使 $^5I_7$ 能级上的电子跃迁至 $^5F_5$ 能级 [$^2F_{5/2}(Yb^{3+})+{}^5I_7(Ho^{3+}) \rightarrow {}^2F_{7/2}(Yb^{3+})+{}^5F_5(Ho^{3+})$,ET2]。$^5F_5$ 能级上的电子经无辐射弛豫（NR）至 $^5I_5$ 能级 [$^5F_5(Ho^{3+}) \sim {}^5I_5(Ho^{3+})$,NR] 后再一次的能量传递则使电子跃迁到 $^5F_4$, $^5S_2$ 能级 [$^2F_{5/2}(Yb^{3+})+{}^5I_5(Ho^{3+}) \rightarrow {}^2F_{7/2}(Yb^{3+})+{}^5F_4,{}^5S_2(Ho^{3+})$, ET3]。电子由 $^5F_4$, $^5S_2$ 能级跃回至基态时即产生了位于 552nm 处的发射。同时，部分处于 $^5F_4$, $^5S_2$ 能级的电子可弛豫至 $^5F_5$ 能级，随后回迁至基态时产生位于 665nm 处的红光发射。另一方面，$^5I_4 \rightarrow {}^5I_8$ 上转换发光（760nm）可用两光子机制解释如下：

$$^2F_{7/2}(Yb^{3+})+h\nu(978nm) \rightarrow {}^2F_{5/2}(Yb^{3+}),ESA \tag{6-6}$$

$$^2F_{5/2}(Yb^{3+})+{}^5I_8(Ho^{3+}) \rightarrow {}^2F_{7/2}(Yb^{3+})+{}^5I_6(Ho^{3+}),ET1 \tag{6-7}$$

$$^5I_6(Ho^{3+}) \sim {}^5I_7(Ho^{3+}),NR \tag{6-8}$$

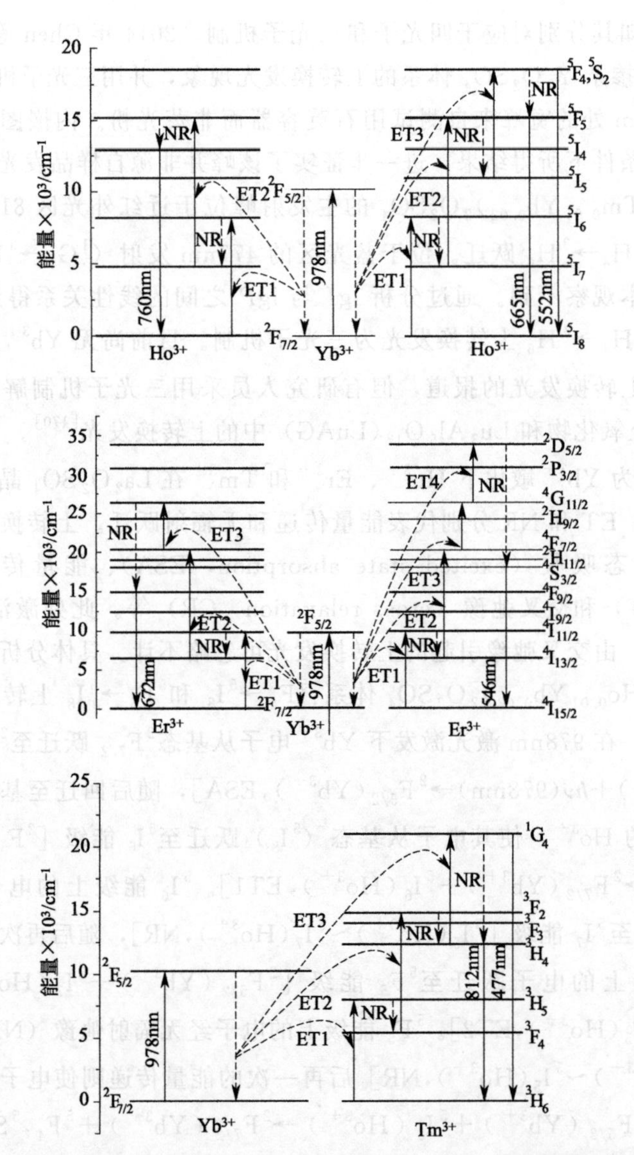

图 6-27 $(La_{0.97}RE_{0.01}Yb_{0.02})_2O_2SO_4$ 荧光粉的上转换发光机理

$$^2F_{5/2}(Yb^{3+})+{}^5I_7(Ho^{3+})\rightarrow{}^2F_{7/2}(Yb^{3+})+{}^5F_5(Ho^{3+}),ET2 \quad (6\text{-}9)$$

$(La_{0.97}Er_{0.01}Yb_{0.02})_2O_2SO_4$ 体系：2014 年 Chen 等人[157] 采用三光子机制解释了 Yb/Er 共掺杂 $Y_2O_2SO_4$ 的上转换发光，本文参照上述文献及其他 Yb/Er 共掺杂体系的三光子和四光子机制[171,172] 对 $(La_{0.97}Er_{0.01}Yb_{0.02})_2O_2SO_4$ 的上转换发光进行解释。546nm 上转换发光对应四光子机制，即在 978nm 激光激发下 Yb^{3+} 电子从基态 $^2F_{7/2}$ 跃迁至 $^2F_{5/2}$ 激发

态［$^2F_{7/2}(Yb^{3+})+h\nu(978nm)\rightarrow{}^2F_{5/2}(Yb^{3+})$,ESA］，随后发生如下的能量传递和多声子交叉弛豫使 Er^{3+} 电子从基态（$^4I_{15/2}$）跃迁至$^2D_{5/2}$能级。处于$^2D_{5/2}$能级的电子弛豫至$^4S_{3/2}$能级并从该能级回迁至基态而产生位于546nm处的绿光发射。

$$^2F_{5/2}(Yb^{3+})+{}^4I_{15/2}(Er^{3+})\rightarrow{}^2F_{7/2}(Yb^{3+})+{}^4I_{11/2}(Er^{3+}),\mathrm{ET1} \quad (6\text{-}10)$$

$$^4I_{11/2}(Er^{3+})\sim{}^4I_{13/2}(Er^{3+}),\mathrm{NR} \quad (6\text{-}11)$$

$$^2F_{5/2}(Yb^{3+})+{}^4I_{13/2}(Er^{3+})\rightarrow{}^2F_{7/2}(Yb^{3+})+{}^4F_{7/2}(Er^{3+}),\mathrm{ET2} \quad (6\text{-}12)$$

$$^2F_{5/2}(Yb^{3+})+{}^4F_{7/2}(Er^{3+})\rightarrow{}^2F_{7/2}(Yb^{3+})+{}^4G_{11/2}(Er^{3+}),\mathrm{ET3} \quad (6\text{-}13)$$

$$^2F_{5/2}(Yb^{3+})+{}^4G_{11/2}(Er^{3+})\rightarrow{}^2F_{7/2}(Yb^{3+})+{}^2D_{5/2}(Er^{3+}),\mathrm{ET4} \quad (6\text{-}14)$$

同时，672nm处的上转换红光发射可用三光子机制解释如下：

$$^2F_{7/2}(Yb^{3+})+h\nu(978nm)\rightarrow{}^2F_{5/2}(Yb^{3+}),\mathrm{ESA} \quad (6\text{-}15)$$

$$^2F_{5/2}(Yb^{3+})+{}^4I_{15/2}(Er^{3+})\rightarrow{}^2F_{7/2}(Yb^{3+})+{}^4I_{11/2}(Er^{3+}),\mathrm{ET1} \quad (6\text{-}16)$$

$$^4I_{11/2}(Er^{3+})\sim{}^4I_{13/2}(Er^{3+}),\mathrm{NR} \quad (6\text{-}17)$$

$$^2F_{5/2}(Yb^{3+})+{}^4I_{13/2}(Er^{3+})\rightarrow{}^2F_{7/2}(Yb^{3+})+{}^4F_{7/2}(Er^{3+}),\mathrm{ET2} \quad (6\text{-}18)$$

$$^2F_{5/2}(Yb^{3+})+{}^4F_{7/2}(Er^{3+})\rightarrow{}^2F_{7/2}(Yb^{3+})+{}^2G_{11/2}(Er^{3+}),\mathrm{ET3} \quad (6\text{-}19)$$

处于$^4G_{11/2}$能级的电子弛豫至$^4F_{9/2}$能级，并由该能级回迁至基态$^4I_{15/2}$而产生位于672nm处的上转换发光。

$(La_{0.97}Tm_{0.01}Yb_{0.02})_2O_2SO_4$体系：迄今尚无有关上转换发光的报道。参照Yb/Tm共掺杂体系中经典的三光子机制[125]进行分析。在978nm激光激发下 Yb^{3+} 电子从基态$^2F_{7/2}$跃迁至$^2F_{5/2}$激发态［$^2F_{7/2}(Yb^{3+})+h\nu(978nm)\rightarrow{}^2F_{5/2}(Yb^{3+})$,ESA］，随后回迁至基态并将能量传递给相邻的 Tm^{3+} 并使其电子从基态（$^3H_6$）跃迁至$^3H_5$能级［$^2F_{5/2}(Yb^{3+})+{}^3H_6(Tm^{3+})\rightarrow{}^2F_{7/2}(Yb^{3+})+{}^3H_5(Tm^{3+})$,ET1］。$^3H_5$能级上的电子经非辐射弛豫至亚稳能级$^3F_4$［$^3H_5(Tm^{3+})\sim{}^3F_4(Tm^{3+})$,NR］后发生第二次能量传递使电子从$^3F_4$能级跃迁至$^3F_2$能级［$^2F_{5/2}(Yb^{3+})+{}^3F_4(Tm^{3+})\rightarrow{}^2F_{7/2}(Yb^{3+})+{}^3F_2(Tm^{3+})$,ET2］。$^3F_2$能级上的电子经无辐射弛豫至$^3H_4$能级［$^3F_2(Tm^{3+})\sim{}^3H_4(Tm^{3+})$,NR］并经第三次能量传递使电子跃迁至$^1G_4$能级［$^2F_{5/2}(Yb^{3+})+{}^3H_4(Tm^{3+})\rightarrow{}^2F_{7/2}(Yb^{3+})+{}^1G_4(Tm^{3+})$,ET3］。处于激发态$^1G_4$的电子回迁至$^3H_6$基态的过程中产生了位于477nm处的蓝光发射。$^1G_4$能级上的部分电子弛豫至$^3H_4$能级，并在回迁至基态时产生位于812nm处的近红外发射。

参考文献

[1] 闫哲．无机层状化合物的纳米层功能化及应用基础研究[D]. 西安：陕西师范大学，2018.

[2] 张莉莉．无机层状纳米复合物的软化学法制备，结构及性能研究[D]. 南京：南京理工大学，2005.

[3] 张玉清，彭淑鸽．插层复合材料[M]. 北京：科学出版社，2008.

[4] 王雪娇．硫酸盐型稀土层状氢氧化物的可控水热合成、结构表征及其在含氧硫酸盐和硫氧化物发光材料中的应用[D]. 沈阳：东北大学，2017.

[5] Novoselov K S，Geim A K，Morozov S V，et al. Electric field effect in atomically thin carbon films [J]. Science，2004，306（5696）：666-669.

[6] Sheng G Y，Xu S H，Boyd S A. Mechanism （s） controlling sorption of neutral organic contaminants by surfactant-derived and natural organic matter [J]. Environmental Science & Technology，1996，30（5）：1553-1557，5.

[7] Nolan T，Srinivasan K R，Fogler H S. Dioxin sorption by hydroxy-aluminum-treated clays [J]. Clays and Clay Minerals，1989，37（5）：487-492.

[8] Ogawa M. Preparation of a cationic azobenzene derivative montmorillonite intercalation compound and photochemical behavior [J]. Chemistry of Materials，1996，7（8）：1347-1349.

[9] Kumar C V，Chaudhari A. Probing the donor and acceptor dye assemblies at the galleries of alpha-zirconium phosphate [J]. Microporous and Mesoporous Materials，2000，41（1-3）：307-318.

[10] Yuan J，Liu Z，Qiao S. Fabrication of MnO_2-pillared layered manganese oxide through an exfoliation/reassembing and oxidation process [J]. Journal of Power Sources，2009，189（2）：1278-1283.

[11] Xiang Y，Yu X-F，He D-F，et al. Synthesis of highly luminescent and anion-exchangeable cerium-doped layered yttrium hydroxides for sensing and photofunctional applications [J]. Advanced Functional Materials，2011，21（22）：4388-4396.

[12] Stefanakis D，Ghanotakis D F. Synthesis and characterization of gadolinium nanostructured materials with potential applications in magnetic resonance imaging，neutron-capture therapy and targeted drug delivery [J]. Journal of Nanoparticle Research，2010，12（4）：1285-1297.

[13] Hu L，Ma R，Ozawa T C，Sasaki T. Oriented monolayer film of Gd_2O_3：0. 05 Eu crystallites：quasi-topotactic transformation of the hydroxide film and drastic enhancement of photoluminescence properties [J]. Angewandte Chemie International Edition，2009，48（21）：3846-3849.

[14] Liang J B，Ma R Z，Geng F X，et al. $Ln_2(OH)_4SO_4 \cdot nH_2O$（Ln= Pr to Tb；$n \sim 2$）：A new family of layered rare-earth hydroxides rigidly pillared by sulfate ions [J]. Chemistry of Materials，2010，22（21）：6001-6007.

[15] Geng F X, Matsushita Y, Ma R, et al. General synthesis and structural evolution of a layered family of $Ln_8(OH)_{20}Cl_4 \cdot nH_2O$ (Ln= Nd, Sm, Eu, Gd, Tb, Dy, Ho, Er, Tm, and Y) [J]. Journal of the American Chemical Society, 2008, 130 (48): 16344-16350.

[16] Wu X L, Li J-G, Zhu Q, et al. One-step freezing temperature crystallization of layered rare-earth hydroxide ($Ln_2(OH)_5NO_3 \cdot nH_2O$) nanosheets for a wide spectrum of Ln (Ln= Pr-Er, and Y), anion exchange with fluorine and sulfate, and microscopic coordination probed via photoluminescence [J]. Journal of Materials Chemistry C, 2015, 3 (14): 3428-3437.

[17] Hindocha S A, McIntyre L J, Fogg A M. Precipitation synthesis of lanthanide hydroxyl nitrate anion exchange materials, $Ln_2(OH)_5NO_3 \cdot H_2O$ (Ln= Y, Eu-Er) [J]. Journal of Solid State Chemistry, 2009, 182 (5): 1070-1074.

[18] Geng F X, Ma R, Sasaki T. Anion-exchangeable layered materials based on rare-earth phosphors: unique combination of rare-earth host and exchangeable anions [J]. Accounts of Chemical Research, 2010, 43 (9): 1177-1185.

[19] Geng F X, Xin H, Matsushita Y, et al. New layered rare-earth hydroxides with anion-exchange properties [J]. Chemistry-A European Journal, 2008, 14 (30): 9255-9260.

[20] McIntyre L J, Jackson L K, Fogg A M. Synthesis and anion exchange chemistry of new intercalation hosts containing lanthanide cations, $Ln_2(OH)_5NO_3 \cdot nH_2O$ (Ln = Y, Gd-Lu) [J]. Journal of Physics and Chemistry of Solids, 2008, 69 (5-6): 1070-1074.

[21] McIntyre L J, Jackson L K, Fogg A M. $Ln_2(OH)_5NO_3 \cdot xH_2O$ (Ln= Y, Gd-Lu): a novel family of anion exchange intercalation hosts [J]. Chemistry of Materials, 2008, 20 (1): 335-340.

[22] Lee K-H, Byeon S-H. Extended members of the layered rare-earth hydroxides family, $RE_2(OH)_5NO_3 \cdot nH_2O$ (RE= Sm, Eu, and Gd): synthesis and anion-exchange behavior [J]. European Journal of Inorganic Chemistry, 2009, 7, 929-936.

[23] Lee K-H, Lee B I, You J H, et al. Transparent Gd_2O_3: Eu phosphor layer derived exfoliated layered gadolinium hydroxide nanosheets [J]. Chemical Communication, 2010, 46 (9): 1461-1463.

[24] Zhu Q, Li J-G, Zhi C Y, et al. Nanometer-thin layered hydroxide platelets of $(Y_{0.95}Eu_{0.05})_2(OH)_5NO_3 \cdot xH_2O$: exfoliation-free synthesis, self-assembly, and the derivation of dense oriented oxide films of high transparency and greatly enhanced luminescence [J]. Journal of Materials Chemistry, 2011, 21 (19): 6903-6908.

[25] Zhu Q, Li J-G, Li X D, et al. Tens of micron-sized unilamellar nanosheets of Y/Eu layered rare-earth hydroxide: efficient exfoliation via fast anion exchange and their self-assembly into oriented oxide film with enhanced photoluminescence [J]. Science and Technology of Advanced Materials, 2014, 15 (1): 200-203.

[26] Geng F X, Ma R Z, Matsushita Y, et al. Structural study of a series of layered rare-earth hydroxide sulfates [J]. Inorganic Chemistry, 2011, 50 (14): 6667-6672.

[27] Hu L F, Ma R, Ozawa T C, et al. Exfoliation of layered europium hydroxide into unilamellar nanosheets [J]. Chemistry-An Asian Journal, 2010, 5 (2): 248-251.

[28] Lee B I, Lee E S, Byeon S H. Assembly of layered rare-earth hydroxide nanosheets and SiO_2 nanoparticles to fabricate multifunctional transparent films capable of combinatorial color generation [J]. Advanced Functional Materials, 2012, 22 (17): 3562-3569.

[29] Lu B, Li J-G, Suzuki T S, et al. Controlled synthesis of layered rare-earth hydroxide nanosheets leading to highly transparent ($Y_{0.95}Eu_{0.05}$) $_2O_3$ ceramics [J]. Journal of the American Ceramic Society, 2015, 98 (5): 1413-1422.
[30] Wang Z H, Li J-G, Zhu Q, et al. Sacrificial conversion of layered rare-earth hydroxide (LRH) nanosheets into ($Y_{1-x}Eu_x$) PO_4 nanophosphors and investigation of photoluminescence [J]. Dalton Transactions, 2016, 45 (12): 5290-5299.
[31] Klevtsov P V, Klevtsova R F, Sheina L P. Crystalline yttrium hydroxychloride [J]. Journal of Structural Chemistry, 1966, 6 (3): 449-451.
[32] Mullica D F, Sappenfield E L, Grossie D A. Crystal-structure of neodymium and gadolinium dihydroxy-nitrate, $Ln(OH)_2NO_3$[J]. Journal of Solid State Chemistry, 1986, 63: 231-236.
[33] Liang J B, Ma R Z, Ebina Y, et al. New family of lanthanide-based inorganic-organic hybrid frameworks: $Ln_2(OH)_4[O_3S(CH_2)_nSO_3]\cdot 2H_2O$ (Ln= La, Ce, Pr, Nd, Sm; n= 3, 4) and their derivatives [J]. Inorganic Chemistry, 2013, 52 (4): 1755-1761.
[34] Newman S P, Jones W. Comparative study of some layered hydroxide salts containing exchangeable interlayer anions [J]. Journal of Solid State Chemistry, 1999, 148 (1): 26-40.
[35] 杨玉平．纳米材料制备与表征——理论与技术[M]. 北京：科学出版社，2021.
[36] Yapryntsev A D, Baranchikov A E, Skogareva L S, et al. High-yield microwave synthesis of layered $Y_2(OH)_5NO_3\cdot nH_2O$ materials [J]. CrystEngComm, 2015, 17 (13): 2667-2674.
[37] Lee K-H, Byeon S-H. Synthesis and aqueous colloidal solutions of $RE_2(OH)_5NO_3\cdot nH_2O$ (RE = Nd and La) [J]. European Journal of Inorganic Chemistry, 2009, 31, 4727-4732.
[38] 武晓鹂．硝酸盐类稀土层状氢氧化物的可控合成、层间离子交换、结构表征及其在发光材料中的应用[D]. 沈阳：东北大学，2013.
[39] Ogawa M. Preparation of a cationic azobenzene derivative montmorillonite intercalation compound and photochemical behavior [J], Chemistry of Materials, 1996, 7 (8): 1347-1349.
[40] Kumar C V, Chaudhari A. Probing the donor and acceptor dye assemblies at the galleries of alpha-zirconium phosphate [J], Microporous and Mesoporous Materials, 2000, 41 (1-3): 307-318.
[41] Wong S, Vasudevan S, Vaia R A, et al. Dynamics in a conflined polymer electrolyte A7 Li and 2H NMR study [J], Journal of the American Chemical Society, 1995, 117 (28): 7568-7569.
[42] Messersmith P B and Stupp S I. High - Temperature Chemical and Microstructure Transformations of a Nanocomposite Organoceramic [J], Chemistry of Materials, 1995, 7 (3): 454-460.
[43] 刘金超，崔洁．原子力显微镜的工作原理及其在电化学原位测试中的应用[J]. 材料导报，2022, 36 (14): 21030036-11.
[44] Rietveld H M. Line profiles of neutron powder-diffraction peaks for structure refinement [J]. Acta Crystallographica, 1967, 22 (1): 151-152.
[45] 周玉华，宋武林，柯莉，等．X 射线 Rietveld 方法在纳米材料研究领域的应用[J]. 材料导报，2011, S1 (17): 50-53.
[46] Larson A C, Von Dreele R B. General Structure Analysis System (GSAS), Los Alamos National Laboratory Report LAUR, 2004: 86-748.
[47] A Rietvels-analysis program RIETAN-98 and its applications to zeolites F. Izumi, T. Ikeda, "A

Rietveld-Analysis Program RIETAN-98 and its Applications to Zeolites", [C] 6th European Powder Diffraction Conference, Budapest, Hungary, Materials Science Forum, 2000, 321-324: 198-205.

[48] Bindzus N, Iversen B B. Maximum-entropy-method charge densities based on structure-factor extraction with the commonly used Rietveld refinement programs GSAS, FullProf and Jana2006[J]. Acta Crystallographica Section A, 2012, A68: 750-762.

[49] Young R A, Sakthivel A, Moss T S, et al. DBWS-9411 - an upgrade of the DBWS programs for Rietveld refinement with PC and mainframe computers [J]. Journal of Applied Crystallography, 1995, 28: 366-367.

[50] Bruker AXS TOPAS V4: General profile and structure analysis software for powder diffraction data. - User' s Manual, Bruker AXS, Karlsruhe, Germany. 2008.

[51] 应忠明 . 色度学术语问答[J]. 光源与照明，1996，1：23-26.

[52] 张中太，张俊英 . 无机光致发光材料及应用[M]. 化学工业出版社，2011.

[53] 郑利红 . 高显色可调色温 LED 白光的研究[D]. 上海：东华大学，2010.

[54] 潘浩 . LED 白光光源的相关色温研究[D]. 杭州：浙江工业大学，2015.

[55] 赵兴农 . 可切换色温的高功率因数 LED 驱动芯片研究与设计[D]. 杭州：浙江大学，2017.

[56] 庄金迅 . 光源的色温及其在照明设计中的应用[J]. 灯与照明，2007，31（3）：36-38.

[57] 廖臣兴 . 铋系可见光响应型复合光催化剂的设计，合成及水体净化的应用研究[D]. 广州：华南理工大学，2014.

[58] Wu J H, Liang J B, Ma R Z, Sasaki T. Highly enhanced and switchable photoluminescence properties in pillared layered hydroxides stabilizing Ce^{3+} [J]. The Journal of Physical Chemistry C, 2015, 119 (46): 26229-26236.

[59] Wang X J, Li J-G, Zhu Q, et al. Facile and green synthesis of $(La_{0.95}Eu_{0.05})_2O_2S$ red phosphors with sulfate-ion pillared layered hydroxides as a new type of precursor: controlled hydrothermal processing, phase evolution and photoluminescence [J]. Science and Technology of Advanced Materials, 2014, 15 (1): 014204.

[60] Wang X J, Li J-G, Molokeev M S, et al. Layered hydroxyl sulfate: controlled crystallization, structure analysis, and green derivation of multi-color luminescent $(La, RE)_2O_2SO_4$ and $(La, RE)_2O_2S$ phosphors (RE= Pr, Sm, Eu, Tb, and Dy) [J]. Chemical Engineering Journal, 2016, 302: 577-586.

[61] Lu B, Li J-G, Suzuki T S, et al. Controlled synthesis of layered rare-earth hydroxide nanosheets leading to highly transparent $(Y_{0.95}Eu_{0.05})_2O_3$ ceramics [J]. Journal of the American Ceramic Society, 2015, 98 (5): 1413-1422.

[62] Kim H, Lee B, Jeong H, Byeon S-H. Relationship between interlayer anions and photoluminescence of layered rare earth hydroxides [J]. Journal of Materials Chemistry C, 2015, 3 (28): 7437-7445.

[63] Wu X L, Li J-G, Zhu Q, et al. The effects of Gd^{3+} substitution on the crystal structure, site symmetry, and photoluminescence of Y/Eu layered rare-earth hydroxide (LRH) nanoplates [J]. Dalton Transactions, 2012, 41 (6): 1854-1861.

[64] Gadsden J A. Infrared spectra of minerals and related inorganic compounds [M]. Butterworth: Newton, MA, 1975: 15-16.

[65] Lu B, Li J-G, Yoshio S. Controlled processing of (Gd, Ln)$_2$O$_3$: Eu (Ln= Y, Lu) red phosphor particles and compositional effects on photoluminescence [J]. Science and Technology of Advanced Materials, 2013, 14 (6): 064202.

[66] Chen F S, Chen G, Liu T, et al. Controllable fabrication and optical properties of uniform gadolinium oxysulfate hollow spheres [J]. Scientific Reports, 2015, 5, 17934.

[67] Gu Q Y, Pan G H, Ma T. Eu^{3+} luminescence enhancement by intercalation of benzene polycarboxylic guests into Eu^{3+}-doped layered gadolinium hydroxide [J]. Materials Research Bulletin, 2014, 53, 234-239.

[68] Ji H P, Huang Z H, Xia Z G, et al. Comparative investigations of the crystal structure and photoluminescence property of eulytite-type $Ba_3Eu(PO_4)_3$ and $Sr_3Eu(PO_4)_3$ [J]. Dalton Transactions, 2015, 44 (16): 7679-7686.

[69] Wang L, Yan D P, Qin S H, et al, Tunable compositions and luminescent performances on members of the layered rare-earth hydroxides $(Y_{1-x}Ln_x)_2(OH)_5NO_3 \cdot nH_2O$ (Ln= Tb, Eu) [J]. Dalton Transactions, 2011, 40 (44): 11781-11787.

[70] Luis H-A, Antonio M-B, Jaime R-G, et al. Synthesis, characterization, and photoluminescence properties of Gd: Tb oxysulfide colloidal particles [J]. Chemical Engineering Journal, 2014, 258, 136-145.

[71] Denault K A, Brgoch J, Gaultois M W, et al. Consequences of optimal bond valence on structural rigidity and improved luminescence properties in $Sr_xBa_{2-x}SiO_4$: Eu^{2+} orthosilicate phosphors [J]. Chemistry of Materials, 2014, 26 (7): 2275-2282.

[72] Baur W H. The Geometry of polyhedral distortions. predictive relationships for the phosphate group [J]. Acta Crystallographica, 1974, B30: 1195-1215.

[73] Imanaka N, Masui T, Kato Y. Preparation of the cubic-type La_2O_3 phase by thermal decomposition of LaI_3[J]. Journal of Solid State Chemistry, 2005, 178 (1): 395-398.

[74] Zhukov S, Yatsenko A, Chernyshev V. Structural study of lanthanum oxysulfate $(LaO)_2SO_4$ [J]. Materials Research Bulletin, 1997, 32 (1): 43-50.

[75] Machida M, Kawano T, Eto M, et al. Ln Dependence of the large-capacity oxygen storage/release property of Ln oxysulfate/oxysulfide systems [J]. Chemistry of Materials, 2007, 19 (4): 954-960.

[76] Paul W. Magnetism andmagnetic phase diagram of $Gd_2O_2SO_4$ I. Experiments [J]. Journal of Magnetism and Magnetic Materials, 1990, 87 (1-2): 23-28.

[77] Morosin B, Newman D J. La_2O_2S structure refinement and crystal field [J]. Acta Crystallographica, 1973, B29: 2647-2648.

[78] Wang X J, Li J-G, Zhu Q, et al. Direct crystallization of sulfate-type layered hydroxide, derivation of (Gd, Tb)$_2$O$_3$ green phosphor, and photoluminescence [J]. Journal of The American Ceramic Society, 2015, 98 (10): 3236-3242.

[79] Hölsä J. Luminescence of Eu^{3+} ion as a structural probe in high temperature phase transformations in lutetium orthoborates [J]. Inorganica Chimica Acta, 1987, 139 (1-2): 257-259.

[80] Zhu J, Xia Z, Zhang Y, et al. Structural phase transitions and photoluminescence properties of Eu^{3+} doped $Ca_{2-x}Ba_xLaNbO_6$ phosphors [J]. Dalton Transactions, 2015, 44 (42): 18536-18543.

[81] Wu X L, Li J-G, Zhu Q, et al. The effects of Gd^{3+} substitution on the crystal structure, site symmetry, and photoluminescence of Y/Eu layered rare-earth hydroxide (LRH) nanoplates [J]. Dalton Transactions, 2012, 41 (6): 1854-1861.

[82] Gu Q Y, Pan G H, Ma T. Eu^{3+} luminescence enhancement by intercalation of benzene polycarboxylic guests into Eu^{3+} -doped layered gadolinium hydroxide [J]. Materials Research Bulletin, 2014, 53, 234-239.

[83] Zhu Q, Li J-G, Li X D, et al. Selective processing, structural characterization, and photoluminescence behaviors of single crystalline $(Gd_{1-x}Eu_x)_2O_3$ nanorods and nanotubes [J]. Current Nanoscience, 2010, 6 (5): 496-504.

[84] Zhu Q, Li J-G, Li X D, et al. Morphology-dependent crystallization and luminescence behavior of $(Y, Eu)_2O_3$ red phosphors [J]. Acta Materialia, 2009, 57 (20): 5975-5985.

[85] Dorenbos P. The $4f^n$-$5d^1$ transitions of the trivalent lanthanides in halogenides and chalgenides [J]. Journal of Luminescence, 2000, 91 (1-2): 91-106.

[86] Mukherjee S, Sudarsan V, Vatsa R K, et al. Effect of structure, particle size and relative concentration of Eu^{3+} and Tb^{3+} ions on the luminescence properties of Eu^{3+} co-doped Y_2O_3: Tb nanoparticles [J]. Nanotechnology, 2008, 19 (32): 325704.

[87] Flores-Gonzalez M A, Ledoux G, Roux S, et al. Preparing nanometer scaled Tb-doped Y_2O_3 luminescent powders by the polyol method [J]. Journal of Solid State Chemistry, 2005, 178 (4): 989-997.

[88] Bruker AXS TOPAS V4: General profile and structure analysis software for powder diffraction data. - User's Manual, Bruker AXS, Karlsruhe, Germany. 2008.

[89] Golovnev N N, Molokeev M S, Vereshchagin S N, et al. Synthesis and thermal transformation of a neodymium (III) complex [Nd $(HTBA)_2(C_2H_3O_2)(H_2O)_2$] · $2H_2O$ to noncentrosymmetric oxosulfate $Nd_2O_2SO_4$[J]. Journal of Coordination Chemistry, 2015, 68 (11): 1865-1877.

[90] Favre V-N, Cerny R. FOX, 'free objects for crystallography': a modular approach to ab initio structure determination from powder diffraction [J]. Journal of Applied Crystallography, 2002, 35, 734-743.

[91] Xia Z G, Molokeev M S, Oreshonkov A S, et al. Crystal and local structure refinement in $Ca_2Al_3O_6F$ explored by X-ray diffraction and Raman spectroscopy [J]. Physical Chemistry Chemical Physics, 2014, 16 (13): 5952-5957.

[92] Spek A L. Single-crystal structure validation with the program PLATON [J]. Journal of Applied Crystallography, 2003, 36 (1): 7-13.

[93] Yan X, Fern G R, Withnall R, et al. Effects of the host lattice and doping concentration on the colour of Tb^{3+} cation emission in Y_2O_2S: Tb^{3+} and Gd_2O_2S: Tb^{3+} nanometer sized phosphor particles [J]. Nanoscale, 2013, 5 (18): 8640-8646.

[94] Kang C-C, Liu R-S, Chang J-C, et al. Synthesis and luminescent properties of a new yellowish-orange afterglow phosphor Y_2O_2S: Ti, Mg [J]. Chemistry of Materials, 2003, 15 (21): 3966-3968.

[95] Wang W, Li Y S, Kou H, et al. Gd_2O_2S: Pr Scintillation ceramics from powder synthesized by a novel carbothermal reduction method [J]. Journal of the American Ceramic Society, 2015, 98 (7): 2159-2164.

[96] Yasuda R, Katagiri M, Matsubayashi M. Influence of powder particle size and scintillator layer thickness on the performance of Gd_2O_2S: Tb scintillators for neutron imaging, nuclear instruments and methods in physics research section A: accelerators, spectrometers [J]. Detectors and Associated Equipment, 2012, 680 (11): 139-144.

[97] Lo C-L, Duha J-G, Chiou B-S, et al. Synthesis of Eu^{3+} -activated yttrium oxysulfide red phosphor by flux fusion method [J]. Materials Chemistry and Physics, 2001, 71 (2): 179-189.

[98] Lu X, Yang L Y, Ma Q L, et al. A novel strategy to synthesize Gd_2O_2S: Eu^{3+} luminescent nanobelts via inheriting the morphology of precursor [J]. Journal of Materials Science: Materials in Electronics, 2014, 25 (12): 5388-5394.

[99] Yu S-H, Han Z-H, Yang J, et al. Synthesis and formation mechanism of La_2O_2S via a novel solvothermal pressure-relief process [J]. Chemistry of Materials, 1999, 11 (2): 192-194.

[100] Song Y H, You H P, Huang Y J, et al. Highly uniform and monodisperse Gd_2O_2S: Ln^{3+} (Ln= Eu, Tb) submicrospheres: solvothermal synthesis and luminescence properties [J]. Inorganic Chemistry, 2010, 49 (24): 11499-11504.

[101] Liu J, Luo H D, Liu P J, et al. One-pot solvothermal synthesis of uniform layer-by-layer self-assembled ultrathin hexagonal Gd_2O_2S nanoplates and luminescent properties from single doped Eu^{3+} and codoped Er^{3+}, Yb^{3+} [J]. Dalton Transactions, 2012, 41 (45): 13984-13988.

[102] 岩崎和人，月桥洋司，户野秀夫．日本国特许厅公开特许公报．平 3143985, 1991.

[103] Lo C L, Dun J G, Chiou B S, et al. Synthesis of Eu^{3+} -activated yttrium oxysulfide red phosphor by flux fusion method [J]. Materials Chemistry and Physics, 2001, 71 (2): 179-189.

[104] Pitha J J, Smith A L, Ward R. The Preparation of lanthanum oxysulfide and its properties as a base material for phosphors stimulated by infrared [J]. Journal of the American Chemical Society, 1947, 69 (8): 1870-1871.

[105] Machida M, Kawano T, Eto M, et al. Ln Dependence of the large-capacity oxygen storage/ release property of Ln oxysulfate/oxysulfide systems [J]. Chemistry of Materials, 2007, 19 (4): 954-960.

[106] Machida M, Kawamura K, Ito K. Novel oxygen storage mechanism based on redox of sulfur in lanthanum oxysulfate/oxysulfide [J]. Chemical Communications, 2004, 6: 662-663.

[107] Haynes J W, Jr. Brown J J. Preparation and luminescence of selected Eu-activated rare earth-oxygen-sulfur compounds [J]. Journal of The Electrochemical Society: Solid State Science, 1968, 115 (10): 1060-1066.

[108] Yu L X, Li F H, Liu H. Fabrication and photoluminescent characteristics of one-dimensional La_2O_2S: Eu^{3+} nanocrystals [J]. Journal of Rare Earth, 2013, 31 (4): 356-359.

[109] Kawahara Y, Petrykin V, Ichihara T, et al. Synthesis of high-brightness sub-micrometer Y_2O_2S red phosphor powders by complex homogeneous precipitation method [J]. Chemistry of Materials, 2006, 18 (26): 6303-6307.

[110] Fu Z L, Geng Y, Chen H W, et al. Combustion synthesis and luminescent properties of the Eu^{3+} -doped yttrium oxysulfide nanocrystalline [J]. Optical Materials, 2008, 31 (1): 58-62.

[111] He C, Xia Z G, Liu Q L. Microwave solid state synthesis and luminescence properties of green-emitting Gd_2O_2S: Tb^{3+} phosphor [J]. Optical Materials, 2015, 42 (1): 11-16.

[112] Thirumalai J, Chandramohan R, Divakar R, et al. Eu^{3+} doped gadolinium oxysulfide (Gd_2O_2S)

nanostructures-synthesis and optical and electronic properties [J]. Nanotechnology, 2008, 19 (39): 395703.

[113] Fern G, Ireland T, Silver J, et al. Characterization of Gd_2O_2S: Pr phosphor screens for water window X-ray detection [J]. Nuclear Instruments & Methods In Physics Research Section A, 2009, 600 (2): 434-439.

[114] 黄富强，王耀明，曹珍珠．一种稀土硫氧化物发光材料的合成方法：中国，CN101024770A [P]. 2007-08-29.

[115] Pires A M, Davolos M R, Stucchi E B. Eu as a spectroscopic probe in phosphors based on spherical fine particle gadolinium compounds [J]. International Journal of Inorganic Materials, 2001, 3 (7): 785-790.

[116] Li C X, Quan Z W, Yang J, et al. Highly uniform and monodisperse β-$NaYF_4$: Ln^{3+} (Ln = Eu, Tb, Yb/Er, and Yb/Tm) hexagonal microprism crystals: hydrothermal synthesis and luminescent properties [J]. Inorganic Chemistry, 2007, 46 (16): 6329-6337.

[117] Željka A, Vesna L, Marko G N, et al. Strong emission via up-conversion of Gd_2O_3: Yb^{3+}, Ho^{3+} nanopowders co-doped with alkali metals ions [J]. Journal of Luminescence, 2014, 145: 466-472.

[118] Hakme N, Chlique C, Conanec O M, et al. Combustion synthesis and up-conversion luminescence of La_2O_2S: Er^{3+}, Yb^{3+} nanophosphors [J]. Journal of Solid State Chemistry, 2015, 226: 255-261.

[119] Kumar G A, Pokhrel M, Sardar D K. Absolute quantum yield measurements in Yb/Ho doped M_2O_2S (M= Y, Gd, La) upconversion phosphor [J]. Materials Letters, 2013, 98: 63-66.

[120] Dai Q L, Song H W, Wang M Y, et al. Size and concentration effects on the photoluminescence of La_2O_2S: Eu^{3+} nanocrystals [J]. The Journal of Physical Chemistry C, 2008, 112: 19399-19404.

[121] Blasse G, Grabmaier B C. Luminescent Materials [M]. Berlin: Springer-Verlag, 1994, 100-101.

[122] Lian J B, Sun X D, Li J-G, et al. Synthesis, characterization and photoluminescence properties of $(Gd_{0.99}Pr_{0.01})_2O_2S$ sub-micro phosphor by homogeneous precipitation method [J]. Optical Materials, 2011, 33 (4): 596-600.

[123] Mukherjee S, Sudarsan V, Vatsa R K, et al. Effect of structure, particle size and relative concentration of Eu^{3+} and Tb^{3+} ions on the luminescence properties of Eu^{3+} co-doped Y_2O_3: Tb nanoparticles [J]. Nanotechnology, 2008, 19: 325704.

[124] Dorenbos P. The $4f^n \leftrightarrow 4f^{n-1}5d$ transitions of the trivalent lanthanides in halogenides and chalcogenides [J]. Journal of Luminescence, 2000, 91 (1-2): 91-106.

[125] Su J, Song F, Tan H, et al. Phonon-assisted mechanisms and concentration dependence of Tm^{3+} blue upconversion luminescence in codoped $NaY(WO_4)_2$ crystals [J]. Journal of Physics D: Applied Physics, 2006, 39: 2094-2099.

[126] He C, Xia Z G, Liu Q L. Microwave solid state synthesis and luminescence properties of green-emitting Gd_2O_2S: Tb^{3+} phosphor [J]. Optical Materials, 2015, 42: 11-16.

[127] Li J-G, Li J K, Zhu Q, et al. Photoluminescent and cathodoluminescent performances of Tb^{3+} in Lu^{3+}-stabilized gadolinium aluminate garnet solid-solutions of $[(Gd_{1-x}Lu_x)_{1-y}Tb_y]_3Al_5O_{12}$ [J]. RSC Advance, 2015, 5: 59686-59695.

[128] Zhang D J, Yoshioka F, Ikeue K, et al. Synthesis and oxygen release/storage properties of Ce-substituted La-oxysulfates, ($La_{1-x}Ce_x$) $_2O_2SO_4$ [J]. Chemistry of Materials, 2008, 20 (21): 6697-6703.

[129] Machida M, Kawamura K, Ito K, et al. Large-capacity oxygen storage by lanthanide oxysulfate/oxysulfide systems [J]. Chemistry of Materials, 2005, 17 (6): 1487-1492.

[130] Valsamakis I, Stephanopoulos M F. Sulfur-tolerant lanthanide oxysulfide catalysts for the high-temperaturewater-gas shift reaction [J]. Applied Catalysis B: Environmental, 2011, 106 (1-2): 255-263.

[131] Lessard J D, Valsamakis I, Stephanopoulos M F. Novel Au/La_2O_3 and Au/$La_2O_2SO_4$ catalysts for the water-gas shift reaction prepared via an anion adsorption method [J]. Chemical Communications, 2012, 48: 4857-4859.

[132] Tan S, Paglieri S N, Li D M. Nano-scale sulfur-tolerant lanthanide oxysulfide/oxysulfate catalysts for water-gas-shift reaction in a novel reactor configuration [J]. Catalysis Communications, 2016, 73: 16-21.

[133] Kijima T, Shinbori T, Sekita M, et al. Abnormally enhanced Eu^{3+} emission in $Y_2O_2SO_4$: Eu^{3+} inherited from their precursory dodecylsulfate templatedconcentric layered nanostructure [J]. Journal of Luminescence, 2008, 128 (3): 311-316.

[134] Shoji M, Sakurai K. A versatile scheme for preparing single phase yttrium oxysulfate phosphor [J]. Journal of Alloys and Compounds, 2006, 426 (1-2): 244-246.

[135] Wang X J, Li J-G, Zhu Q, et al. Synthesis, characterization, and photoluminescent properties of ($La_{0.95}Eu_{0.05}$) $_2O_2SO_4$ red phosphors with layered hydroxyl sulfate asprecursor [J]. Journal of Alloys and Compounds, 2014, 603: 28-34.

[136] Lian J B, Sun X D, Li X D. Synthesis, characterization andphotoluminescence properties of ($Gd_{1-x}Eu_x$) $_2O_2SO_4$ sub-microphosphors by homogeneous precipitation method [J]. Materials Chemistry and Physics, 2011, 125 (3): 479-484.

[137] Chen G, Chen F S, Liu X H, et al. Hollow spherical rare-earth-doped yttrium oxysulfate: A novel structure for upconversion [J]. Nano Research, 2014, 7 (8): 1093-1102.

[138] Lessard J D, Valsamakis I, Flytzani S M. Novel Au/La_2O_3 and Au/$La_2O_2SO_4$ catalysts for the water-gas shift reaction prepared via an anion adsorption method [J]. Chemical Communications, 2012, 48 (40): 4857-4859.

[139] Valsamakis I, Flytzani S M. Sulfur-tolerant lanthanide oxysulfide catalysts for the high-temperature water-gas shift reaction [J]. Applied Catalysis B: Environmental, 2011, 106 (1-2): 255-263.

[140] Yamamoto S, Tamura S, Imanaka N. New type of potassium ion conducting solid based on lanthanum oxysulfate [J]. Journal of Alloys and Compounds, 2006, 418 (1-2): 226-229.

[141] Machida M, Kawamura K, Ito K. Novel oxygen storage mechanism based on redox of sulfur in lanthanum oxysulfate/oxysulfide [J]. Chemical Communications, 2004, 6: 662-663.

[142] Lian J B, Sun X D, Liu Z G, et al. Synthesis and optical properties of ($Gd_{1-x}Eu_x$) $_2O_2SO_4$ nano-phosphors by a novel co-precipitation method [J]. Materials Research Bulletin, 2009, 44 (9): 1822-1827.

[143] Lian J B, Liang P, Wang B X, et al. Homogeneous precipitation synthesis and photolumi-

nescence properties of $La_2O_2SO_4$: Eu^{3+} quasi-spherical phosphors [J]. Journal of Ceramic Processing Research, 2014, 15 (6): 382-388.

[144] Chen G, Chen F S, Liu X H, et al. Hollow spherical rare-earth-doped yttrium oxysulfate: A novel structure for upconversion [J]. Nano Research, 2014, 7 (8): 1093-1102.

[145] Haynes J W, Jr. Brown J J. Preparation and luminescence of selected Eu-activated rare earth-oxygen-sulfur compounds [J]. Journal of The Electrochemical Society: Solid State Science, 1968, 115 (10): 1060-1066.

[146] Kijima T, Isayama T, Sekita M, et al. Emission properties of Tb^{3+} in $Y_2O_2SO_4$ derived from their precursory dodecylsulfate-templated concentric- and straight-layered nanostructures [J]. Journal of Alloys and Compounds, 2009, 485 (1-2): 730-733.

[147] Yang T, Shaula A L, Mikhalev S M, et al. Silver praseodymium oxy-sulfate cermet: A new composite cathodefor intermediate temperature solid oxide fuel cells [J]. Journal of Power Sources, 2016, 306: 611-616.

[148] Srivastava A M, Setlur A A, Comanzo H A, et al. Optical spectroscopy and thermal quenching of the Ce^{3+} luminescence in yttrium oxysulfate, $Y_2O_2[SO_4]$ [J]. Optical Materials, 2008, 30 (10): 1499-1503.

[149] Yamamoto S, Tamura S, Imanaka N. New type of potassium ion conducting solid based on lanthanum oxysulfate [J]. Journal of Alloys and Compound, 2006, 418 (1-2): 226-229.

[150] Chen G, Chen F S, Liu X H, et al. Hollow spherical rare-earth-doped yttrium oxysulfate: A novel structure for upconversion [J]. Nano Research, 2014, 7 (8): 1093-1102.

[151] Nathans M W, Wendlandt W W. The thermal decomposition of the rare-earth sulphates: Thermogravimetric and differential thermal analysis studies up to 1400℃ [J]. Journal of Inorganic and Nuclear Chemistry, 1962, 24 (7): 869-879.

[152] Lian J B, Sun X D, Li X D. Synthesis, characterization and photoluminescence properties of $(Gd_{1-x}Eu_x)_2O_2SO_4$ sub-microphosphors by homogeneous precipitation method [J]. Materials Chemistry and Physics, 2011, 125 (3): 479-484.

[153] Lian J B, Qin H, Liang P, et al. Co-precipitation synthesis of $Y_2O_2SO_4$: Eu^{3+} nanophosphor and comparison of photoluminescence properties with Y_2O_3: Eu^{3+} and Y_2O_2S: Eu^{3+} nanophosphors [J]. Solid State Sciences, 2015, 48: 147-154.

[154] Srivastava A M, Setlur A A, Comanzo H A, et al. Optical spectroscopy and thermal quenching of the Ce^{3+} luminescence in yttrium oxysulfate, $Y_2O_2[SO_4]$ [J]. Optical Materials, 2008, 30 (10): 1499-1503.

[155] Kijimaa T, Isayama T, Sekitab M, et al. Emission properties of Tb^{3+} in $Y_2O_2SO_4$ derived from their precursory dodecylsulfate-templated concentric- and straight-layered nanostructures [J]. Journal of Alloys and Compounds, 2009, 485 (1-2): 730-733.

[156] Song L X, Du P F, Jiang Q X, et al. Synthesis and luminescence of high-brightness $Gd_2O_2SO_4$: Tb^{3+} nanopieces and the enhanced luminescence by alkali metal ions co-doping [J]. Journal of Luminescence, 2014, 150: 50-54.

[157] Chen G, Chen F S, Liu X H, et al. Hollow spherical rare-earth-doped yttrium oxysulfate: A novel structure for upconversion [J]. Nano Research, 2014, 7 (8): 1093-1102.

[158] Allred A L. Electronegativity values from thermochemical data [J]. Journal of Inorganic and

Nuclear Chemistry, 1961, 17 (3-4) : 215-221.

[159] Lin J H, You L P, Lu G X, et al. Structural and luminescent properties of Eu^{3+} doped $Gd_{17.33}(BO_3)_4(B_2O_5)_2O_{16}$[J]. Journal of Materials Chemistry, 1998, 8: 1051-1054.

[160] Wang X J, Li J-G, Zhu Q, Sun X D. Photoluminescence of $(La, Eu)_2O_2SO_4$ red-emitting phosphors derived from layered hydroxide [J]. Journal of Materials Research, 2016, 31 (15) : 2268-2276.

[161] Shannon R D. Revised effective ionic radii and systematic studies of interatomie distances in halides and chaleogenides [J]. Acta Crystallographica, 1976, A32 (Sep1) : 751-767.

[162] Huang S, Lou L. Concentration dependence of sensitizer fluorescence intensity in energy transfer [J]. Chinese Journal of Luminescence, 1990, 11 (1) : 1-7.

[163] Ozawa L. Determination of self-concentration quenching mechanisms of rare earth luminescence from intensity measurements on powdered phosphor screens [J], Journal of the electrochemical society, 1979, 126 (1) : 106-109.

[164] Ji Y X, Cao J F, Zhu Z J, et al. Luminescence properties and white emission in Pr^{3+} doped hexagonal $YAlO_3$ nanophosphors [J]. Materials Express, 2011, 1 (3) : 231-236.

[165] Durairajan A, Balaji D, KaviRasu K, et al. Sol-gel synthesis and photoluminescence analysis of Sm^{3+} : $NaGd(WO_4)_2$ phosphors [J]. Journal of Luminescence, 2016, 170 (S1) : 743-748.

[166] Liu Z G, Sun X D, Xu S K, et al. Tb^{3+} - and Eu^{3+} -doped lanthanum oxysulfide nanocrystals. gelatin-templated synthesis and luminescence properties [J]. The Journal of Physical Chemistry C, 2008, 112 (7) : 2353-2358.

[167] Shi Y Y, Wang Y H, Yang Z G. Synthesis and characterization of $YNbTiO_6$: Dy^{3+} phosphor [J]. Journal of Alloys and Compounds, 2011, 509 (6) : 3128-3131.

[168] Li J K, Li J-G, Liu S H, et al. Greatly enhanced Dy^{3+} emission via efficient energy transfer in gadolinium aluminate garnet ($Gd_3Al_5O_{12}$) stabilized with Lu^{3+} [J]. Journal of Materials Chemistry C, 2013, 1: 7614-7622.

[169] Wang L L, Liu Z Y, Chen Z, et al. Upconversion emissions from high-energy states of Eu^{3+} sensitized by Yb^{3+} and Ho^{3+} in β-$NaYF_4$ microcrystals under 980nm excitation [J]. Optics Express, 2011, 19 (25) : 25472- 25477.

[170] Hou X R, Zhou S M, Jia T T, et al. Investigation of up-conversion luminescence properties of RE/Yb co-doped Y_2O_3 transparent ceramic (RE= Er, Ho, Pr, and Tm) [J]. Physica B, 2011, 406 (20) : 3931-3937.

[171] Li H, Song S X, Wang W. In vitro photodynamic therapy based on magnetic-luminescent Gd_2O_3: Yb, Er nanoparticles with bright three-photon up-conversion fluorescence under near-infrared light [J]. Dalton Transactions, 2015, 44 (36) : 16081-16090.

[172] Chen G Y, Liu Y, Zhang Z G, et al. Four-photon upconversion induced by infrared diode laser excitation in rare-earth-ion-doped Y_2O_3 nanocrystals [J]. Chemical Physics Letters, 2007, 448 (1-3) : 127-131.